换个角度看世界
化学实验也疯狂
李华金
U0306001
成都地图出版社

图书在版编目（CIP）数据

化学实验也疯狂 / 李华金编 .—成都：成都地图出版社，2013.5（2021.11 重印）
（换个角度看世界）
ISBN 978-7-80704-684-4

Ⅰ.①化… Ⅱ.①李… Ⅲ.①化学实验-青年读物②化学实验-少年读物 Ⅳ.①06-33

中国版本图书馆 CIP 数据核字（2013）第 076195 号

换个角度看世界——化学实验也疯狂
HUANGE JIAODU KAN SHIJIE—HUAXUE SHIYAN YE FENGKUANG

责任编辑：游世龙
封面设计：童婴文化

出版发行：成都地图出版社
地　　址：成都市龙泉驿区建设路 2 号
邮政编码：610100
电　　话：028-84884826（营销部）
传　　真：028-84884820

印　　刷：三河市人民印务有限公司
（如发现印装质量问题，影响阅读，请与印刷厂商联系调换）

开　　本：710mm×1000mm　1/16
印　　张：14　　　字　　数：230 千字
版　　次：2013 年 5 月第 1 版　　印　　次：2021 年 11 月第 8 次印刷
书　　号：ISBN 978-7-80704-684-4

定　　价：39.80 元

前言 PREFACE

化学实验也疯狂

化学实验是化学科学赖以形成和发展的基础，是检验化学科学知识真理性的标准；是化学教学中学生获取化学知识和检验化学知识的重要媒体和手段，是提高学生科学素质的重要内容和途径。化学实验在化学科学发展和化学教学中的极端重要性已被人们所共识。为了使我们在理论认识上把化学实验放在适当的高度，在化学教学实践中更加自觉地运用化学实验进行教学。熟练地掌握实验操作的基本技术，正确使用化学实验中的各种常见仪器；学会测定实验数据并加以正确处理和概括；培养严谨的科学态度和良好的工作作风以及独立思考、分析问题、解决问题的能力；逐步地掌握科学研究的方法，为学习后继课程或将来的生产设计、科研探究打好基础。化学可以使天空变得更蓝，可以使河水变得更清澈，可以使物质变得更丰富，可以使生活变得更美好。生活离不开化学，化学改变了整个世界。那么，化学到底是什么呢？让大家一起来探索这绚丽多彩的化学世界吧！

目录 CONTENTS

化学实验也疯狂

天知地知我知

魔幻化学

一起动手做

化学实验用品面面观

伟大的化学家

神奇的化学固体

固体化学、固体物理和材料工程学等学科互相交叉渗透、互相补充配合，形成了现代固体科学和技术。固体化学着重研究实际固体物质的化学反应、合成方法、晶体生长、化学组成和结构，特别是固体中的缺陷及其对物质的物理及化学性质的影响，探索固体物质作为材料实际应用的可能性。

星光灿烂

夜晚，天空宛如黑绸缎，其间零零散散的“珍珠”熠熠生辉。这些一闪一闪的“珍珠”不用说大家也能猜到是什么。对，是星星。星星美丽的光辉，其实，我们也能拥有。

星光灿烂

如果你在晚上，在桌子上放一支点燃的蜡烛，然后用小茶匙盛取小半匙铝粉或镁粉，把它撒在火焰上。这时，你就可以看到有夺目闪烁的白色星光出现。

它的化学原理是什么呢？

当把金属粉末撒在火焰上的时候，因为铝粉或镁粉与空气的接触面很大，而且体积很小，容易被火焰灼热，所以能和空气中的氧进行化合，生成各种粉末状的金属氧化物。

化学反应所产生的热量再使这些氧化物的温度进一步升高，达到了白热程度，于是便出现了耀眼的亮光。但是，金属粉末在氧化时被热气流冲开了，而且金属粉末也不是同一时间内落在火焰上燃烧的，所以亮光四溅，一闪一闪，好像星光在飞舞。如果点燃的是金属镁条，就可以得到白炽的连续亮光。

正因为金属粉末在燃烧时能发出耀眼的亮光来，其中铝粉或镁粉所产生的亮光又特别夺目，所以铝和镁被广泛地用来制造各种闪光光源。例如，娱乐用的焰火等，都常常利用铝粉或镁粉来产生强烈的白光。

固体在受到强热时会灼烧发光的道理，同样适用于其他燃烧现象。常可用来加强灯的亮度。例如，普通的煤油灯的火焰，是不怎么亮的，但是汽油灯就能发出极为明亮的光。这是由于在它那特制的纱罩上，含有很多金属钍的化合物的小颗粒，灼烧后就能发出强烈的光。

下面给大家介绍几个实验。在这几个实验中，这些化学物质在不同的条件下，同样可以发出闪烁星光。

实验一：高锰酸钾“遭遇”硫酸

【实验用品】大试管、铁架台（带铁夹）、药匙、小漏斗、浓硫酸、酒精、高锰酸钾。

【实验步骤】

在一个大试管里，加入1/3体积的浓硫酸，然后沿着试管内壁缓缓加入1/3浓硫酸体积的酒精（这时，因酒精的密度比浓硫酸的密度小，可见两液体之间有一个明显的界面）。演示时，用药匙取少量高锰酸钾粉末放入试管中，很快即可观察到两界面上断续发出耀眼的白光，并不断伴有清脆的炸裂声。为了安全，可在试管口上方夹持一个有一定角度的漏斗，以防止一些具有腐蚀性的液体从试管里飞溅出来。

高锰酸钾

高锰酸钾，也叫灰锰氧、PP粉，是一种常见的强氧化剂，常温下为紫黑色片状晶体，易见光分解：$2KMnO_4$（s）$-hv\rightarrow$ K_2MnO_4（s）＋MnO_2（s）＋O_2（g），故需避光存于阴凉处，严禁与易燃物及金属粉末同放。高锰酸钾以二氧化锰为原料制取，有广泛的应用，在工业上用作消毒剂、漂白剂等；在实验室，高锰酸钾因其强氧化性和溶液颜色鲜艳而被用于物质的鉴定，酸性高锰酸钾溶液是氧化还原滴定的重要试剂；在医学上，高锰酸钾可用于消毒、洗胃。

【实验分析】

1. 粉末状的高锰酸钾与浓硫酸相遇，立即反应生成绿色油状的高锰酸酐（Mn_2O_7）。它在273 K以下是稳定的，在常温下即会爆炸分解生成MnO_2、O_2，有极强的氧化性，一遇有机物就发生燃烧。

2. 实验很适合在暗处观察。因实验过程中发出的白光，在暗处会更明显。

3. 实验过程中，可以不时补充一些高锰酸钾粉末，持续时间可长达半小时以上。实验自始至终都应注意安全，除了装置上加放一个斜的漏斗防止废液飞溅之外，最后拆卸仪器、处理废液、洗涤试管的过程中，都应注意安全。

实验二：闪烁的白磷

【实验用品】试管（ϕ30×110 毫米）、500 毫升烧杯、分液漏斗、铁架台（带铁夹）、镊子、氯酸钾、白磷、浓硫酸。

【实验步骤】

1. 在一个大试管里加入 3/4 体积的水，然后加入约 8 克固体氯酸钾，在氯酸钾层的上面，放置绿豆粒大小的两粒白磷，把试管浸入盛水的大烧杯中并固定在铁架台上。在分液漏斗里加入浓硫酸，把分液漏斗插进盛有水、氯酸钾和白磷的试管中，使漏斗的下口和白磷接触。

2. 扭开分液漏斗的活塞，使浓硫酸缓慢滴在白磷上（不要加入太快），可以观察到水下闪烁着火花，同时还可听到水下的混合物发出爆裂声。

【实验分析】

1. 这里引燃白磷所需要的氧气和热量是靠水下的氯酸钾和浓硫酸之间的反应供给的。浓硫酸与氯酸钾发生下列的化学反应：

$$KClO_3 + H_2SO_4 = KHSO_4 + HClO_3$$

由于溶液中有浓硫酸存在，氯酸将加速分解并放热。

$$3HClO_3 = HClO_4 + H_2O + 2ClO_2\uparrow$$

生成的二氧化氯溶于硫酸使溶液呈淡黄绿色，二氧化氯不稳定易分解：

$$2ClO_2 = Cl_2 + 2O_2$$

所以当浓硫酸跟氯酸钾接触时，有氧气和氯气产生，同时有热量放出，达到了白磷的燃点，导致了白磷在水中剧烈氧化而燃烧起火。

知识小链接

氯酸钾

氯酸钾为无色片状结晶或白色颗粒粉末，味咸而凉，强氧化剂。常温下稳定，在 400℃ 以上则分解并放出氧气。与还原剂、有机物、易燃物如硫、磷或金属粉末等混合可形成爆炸性混合物，急剧加热时可发生爆炸。因此氯酸钾是一种敏感度很高的炸响剂，有时候甚至会在日光照射下自爆。

2. 氯酸钾与白磷接触形成一种十分危险的爆炸物，因此必须注意安全。

本实验一定要让氯酸钾在水中形成一层后再放入白磷，切不可把白磷放在氯酸钾上再加入水。

3. 实验完毕，如果取用的白磷没有全部反应完，必须用镊子小心取出，在通风橱内使它燃烧掉。禁止用手直接去取。

4. 该实验也可用大试管和移液管进行。方法是：在一个大试管里，加入4~5克氯酸钾的固体，沿试管口内壁缓缓加入约为试管体积1/2的水，然后投入一块黄豆样大小的白磷。将试管夹持在铁架台上，然后用移液管吸取浓硫酸，将浓硫酸直接移放到试管底部。当浓硫酸跟氯酸钾、白磷接触时，水下不断闪烁耀眼的火光，同时还能听到从水底发出的炸裂声。

日常生活和工作中，“星光灿烂”的现象还是很多的，它们的化学原理都是类似的。只要大家做个用心的发现者，仔细观察，慢慢琢磨，就会发现这其中的奥妙。

实验三：钢花四溅

【实验用品】铁坩埚、铁架台、一铁圈、泥三角、酒精灯、玻璃棒、玻璃片、还原铁粉、木炭粉、高锰酸钾粉末。

【实验步骤】

1. 取等量（1~2药匙）的铁粉、木炭粉、高锰酸钾粉放在玻璃片上混合均匀，将混合物移入铁坩埚中，用酒精灯加热。

2. 加热一段时间，坩埚内开始有火花放出。这时移开酒精灯停止加热，坩埚里反应仍猛烈进行，一束束火花迸射出来。若在黑暗处进行实验，看到耀眼的火星四射，非常好看。

【实验分析】

1. 铁粉、木炭粉都能在氧气中燃烧；在加热条件下高锰酸钾分解释放出氧气：

$$2KMnO_4 = K_2MnO_4 + MnO_2 + O_2\uparrow$$

木炭粉、铁粉的燃烧反应

$$C + O_2 = CO_2$$

$$3Fe + 2O_2 = Fe_3O_4$$

碳燃烧生成的二氧化碳将炽热的铁火星带出，铁又在氧气中燃烧，形成一束束火花迸射出来。

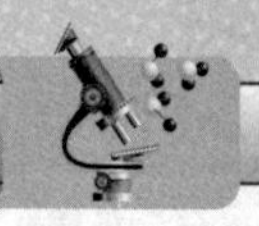

碳和铁的燃烧都是放热反应，只要反应一旦发生，放出的热量就可使高锰酸钾不断分解，燃烧反应就可一直猛烈进行下去。

2. 木炭和高锰酸钾一定要研成细粉（研磨时两种物质必须分开，不能混在一起），铁粉要用未被氧化的还原铁粉。

3. 为提高兴趣，可在混合物中掺入少量钙、锶、铜等的硝酸盐，利用它们燃烧时的焰色反应会在一束束“钢花”中夹杂着红色、绿色的火焰。

疯狂的面粉

谈起爆炸，你一定会联想到炸药和青少年所喜爱的爆竹。但是，你也许没有想到我们平时食用的面粉居然也会爆炸吧！

在一个废铁罐的底部开一个小洞，大小正好插进小漏斗颈，在漏斗颈上套一根长橡皮管，并将铁罐固定在铁架子上。然后在漏斗里放少许面粉（看铁罐的大小放 12.5 ~ 25 克），同时在罐内放入一支点燃的蜡烛，把罐盖好（注意，不要过紧）。如果没有漏斗，可以改用如下装置：在靠近铁罐底部的边上开一个小洞，插进橡皮管，把面粉堆在近管口的前方。

准备妥当后，就可以开始实验了。只要用嘴对着橡皮管向里一吹，刹那间可听得“砰”的一声，罐盖腾空飞起，甚至会冲得很高。如果在实验前把面粉烘干，效果将更好些。

但是，面粉为什么会爆炸呢？温顺的面粉为何会变得如此的疯狂呢？

原来爆炸和燃烧是有密切关系的。实际上爆炸也是燃烧，只不过更激烈、更迅速些罢了。燃烧必须具备三个条件：可燃性物质、支持燃烧的物质（如氧气）和达到着火点的温度。

面粉的爆炸是具备了这三个条件的，然而为什么吹散的面粉遇火会那么容易引起爆炸呢？

可燃性物质燃烧的难易，不仅取决于其本身的性质，而且和它所存在的状态有极大的关系。它与空气接触的表面积越大，燃烧速率也就越快。面粉是可燃性物质，当我们向面粉吹气的时候，它就飞散开来，悬浮在罐内的空气中，这样就使面粉和空气有着极大的接触面积。靠近烛火的面粉首先受热燃烧起来，产生了大量的热。所产生的热又使附近的面粉迅速燃烧起来，产生了更多的热。这样一来，由于产生的热量越来越多，燃烧的传递也越来越快，所以整个燃烧过程，只要极短的时间（0.1 秒或更短的时间）便完成了。同时，面粉在燃烧时，面粉中的碳、氢等元素和氧化合成二氧化碳气体和水蒸气。这些气体的体积本来就比较大，在高温的时候它们又要受热膨胀，产生的压力就更大了，以致在这一瞬间所产生的压力使罐盖腾空飞起，发生了爆炸现象。

由于悬浮在空气中的面粉受热会爆炸，因此，在面粉厂或其他有大量可燃性粉尘的地方，是绝对不允许吸烟或产生火星的；否则，会发生严重的爆炸事故。

严禁烟火

不仅可燃性固体是如此，可燃性气体或蒸气更是如此。例如，氢气、电石气和汽油蒸气等，在空气中达到一定比例，遇火就会爆炸。所以，在加油站、塑料厂、煤气厂和酒精厂等场所，都是严禁吸烟和玩火的。

气体遇火爆炸的威力是很大的。下面让我们通过以下实验来具体了解一下气体爆炸的化学原理。

实验一：氧气与氢气混合爆炸

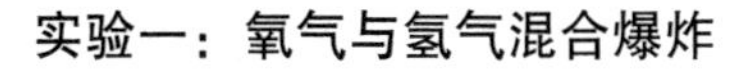

二氧化锰

二氧化锰是一种黑色无定形粉末，或黑色斜方晶体，难溶于水、弱酸、弱碱、硝酸、冷硫酸，加热情况下溶于浓盐酸而产生氯气。

【实验用品】启普发生器、水槽、无底玻璃瓶、大试管、铁架台（带铁夹）、酒精灯、橡皮塞、铁丝、棉花、锌粒、稀硫酸、氯酸钾、二氧化锰、酒精。

【实验步骤】

1. 把仪器安装好。

2. 具体操作。

加热试管，当产生大量氧气

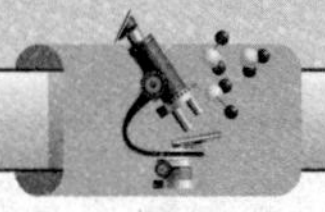

时，打开启普发生器的活塞（因硫酸与锌粒反应快），这时水槽水面上即有许多气泡产生，用一端缠有棉花球的铁丝，蘸着酒精并点燃，然后用它点燃水面上的气体，就会发生连珠炮式的爆炸。

【实验分析】

1. 此实验可以使人清楚地看到，水泡内是氢气和氧气的混合气体，发生连珠炮式的爆炸。

2. 所用氯酸钾的量应多一些。这样产生的氧气量比较充足，使实验成功率高。

3. 氢气和氧气混合器的出气口与水面距离不得少于4厘米，否则不安全。

4. 此实验也可以把氢气和氧气的混合气预先制好放入储气袋中，然后进行实验。但不要用氯气瓶，否则不安全。

实验二：混合气体爆炸

【实验用品】有机玻璃管或透明塑料管、橡皮塞、软木塞、铜丝、高压感应圈、铁架台、启普发生器、大试管、酒精灯、锌粒、稀硫酸、氯酸钾、二氧化锰。

知识小链接

锌粒

锌粒，一种银白色金属。

【实验步骤】

1. 爆炸管的准备。

把两根铜丝各磨成针形，穿过橡皮塞（间隔约10毫米），然后使针形尖端相对（间隔约2.5毫米），形成两个放电电极。把橡皮塞塞入无色有机玻璃管（内径20毫米、长200毫米）的一端，用胶黏剂粘牢。

2. 氢气和氧气收集。

把有机玻璃管放在水槽中用排水取气法收集1/3体积的氧气，然后再收集2/3体积的氢气。用软木塞塞住有机玻璃管的另一端。用铁夹把试管固定在铁架台上。

3. 混合气体引爆。

用导线把低压电源（6 V ~ 12 V）与高压感应圈和管内两个电极连接好，注意高压感应圈的火花距离应稍大一些。打开开关，可看到有机玻璃管内出现一团火，并将上端的软木塞像炮弹一样射出去。

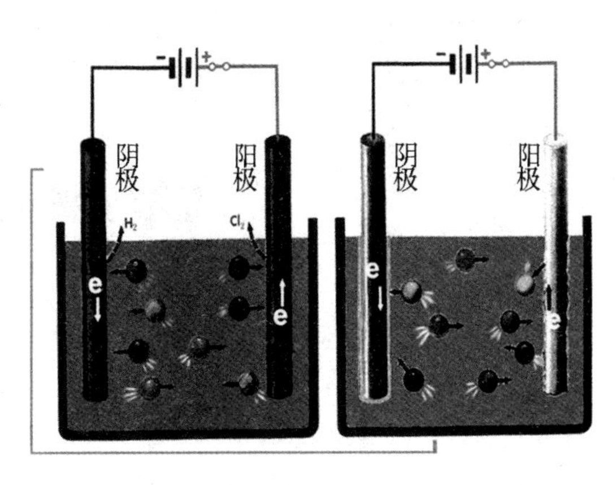

电解应用图

【实验分析】

1. 此实验现象十分有趣。

2. 如果用一般玻璃管代替有机玻璃管时，应在管外包一层塑料薄膜或其他纤维织物以确保安全。

实验三：氢气爆炸极限的简易测定方法

【实验用品】试管架、试管（7 个）、启普发生器、水槽、酒精灯。

【实验步骤】

把七个大小相同的试管都用橡皮圈标出 10 等分刻度，在各试管分别装入水的体积份数为 9、8、7、5、3、1、0.5。然后倒插进水槽中，用排水法小心地分别通入氢气，直至试管内的水刚好排尽。将得到的氢气与空气的混合气体做爆鸣实验。实验过程、内容、现象需做记录。

【实验分析】

1. 以往的经验给我们留下一个错误印象，认为点燃氢气时，只要发出轻微的“噗”声，且能安静燃烧，这种氢气就一定是纯氢气。本实验表明，实验记录中所列的氢气都是不纯的，但当氢气在空气中的体积百分比高于 70% 时，氢气可以持续安静地燃烧而不发生爆炸。氢气的体积百分比下降到 5% 以下时，也不能发生爆鸣和燃烧。而氢气的体积在 10% ~ 70% 之间点燃时，则有爆炸的危险。特别是氢气的体积含量在 30% 时，氢气与空气中氧气的体积比大约为 2:1，恰好能反应完全，因而点燃时有猛烈爆炸的危险（发出最尖锐的爆鸣声）。这就从实验的角度揭示了氢气与空气的爆鸣和爆炸极限的概念。

2. 对于氢气在空气中的爆炸极限值，不同的书略有不同。但大体概念不

变，望在做实验过程中，可多做参考。

3. 一般习惯上把高于爆炸极限的氢气，能点燃而不爆炸，视为纯净氢气。

魔棒点灯

《哈利·波特》系列电影中，魔法学院里，几乎每个人都有一支无所不能的魔棒。当然，这是虚幻故事，然而现实生活中，我们通过下面这个实验，就可以拥有一支能点燃灯光的“魔棒”。

桌上先放好四五只酒精灯，并准备好一根玻璃棒。在一只表面皿里，放入一堆如扁豆大小的固体高锰酸钾（注意！不要太多），再在上面滴入2～3 滴浓硫酸。然后用玻璃棒的一端醮些上述混合物，只要挨次向酒精灯灯芯一碰，灯便一只只点亮了。

魔　棒

高锰酸钾和浓硫酸的混合物为什么能使酒精灯点燃呢？道理也很简单，因为高锰酸钾是一种强氧化剂，它和浓硫酸作用时，产生了原子氧，并放出热量。

基本小知识

浓硫酸

浓硫酸，俗称坏水。坏水指浓度大于或等于70%的硫酸溶液。浓硫酸在浓度高时具有强氧化性，这是它与普通硫酸最大的区别之一。同时它还具有脱水性、强氧化性、难挥发性、酸性、稳定性、吸水性等。

原子氧是一种比高锰酸钾更强的氧化剂，再加上反应时放出的热量，足以使酒精剧烈氧化而燃烧，因而灯就被点亮了。

高锰酸钾作为氧化剂来使用是很普遍的，常用作消毒剂和杀菌剂等。如，医药上用于医疗器械和外伤的消毒，日常生活上用于果品和公共场所茶杯的消毒等。它之所以能起消毒作用，也由于它是强氧化剂，能将某些细菌、病毒等杀死的缘故。

冰上取火

要是想用火柴去点着一块冰，这是无论如何不会成功的。但是，假如我们在冰块上动一下手脚的话，奇迹也会发生的。

先在冰上挖个小洞，并放进一小块电石（碳化钙），然后用火柴去点燃。那么，一块原来很冷的冰，转眼之间就会冒出一团烈火，好像冰块在燃烧似的。当然，着火的并不是冰，而是另外一种物质——乙炔。

当点燃的火柴靠近冰块时，它的热量能够使冰块有微少的融化，产生少量的水。电石一遇到水，就发生激烈的化学反应，放出一种可燃的乙炔气体（俗名电石气）。

乙炔燃烧时，所产生的热进一步使冰融化，水又促使电石分解。因此不断地产生了乙炔作补充，火焰就越烧越旺。直到电石消耗完毕，全部变成糊状的石灰浆（氢氧化钙）以后，火焰才熄灭。

由于乙炔气非常容易燃烧，在空气中的量达到一定比例时，就有燃烧、爆炸的危险。另外，电石中常常含有杂质，当它和水作用时，会生成有毒的磷化氢，磷化氢比电石更加容易燃烧和爆炸。所以，生产和使用电石的工厂，都特别注意防水和防火，在做这个实验时也必须注意这点。贮藏电石时，必须保持干燥，切勿把电石随便搁置在潮湿和近火的地方。

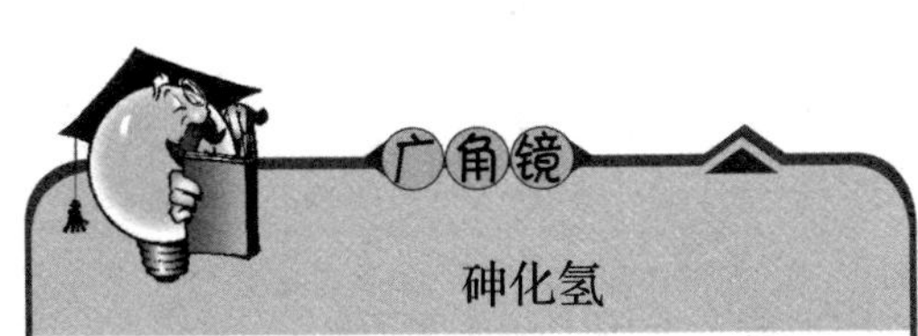

砷化氢

砷化氢，又称砷化三氢、砷烷、砷，是最简单的砷化合物，无色、剧毒、可燃气体。标准状态下，AsH_3 是一种无色，密度高于空气，可溶于水（200 mL/L）及多种有机溶剂的气体。

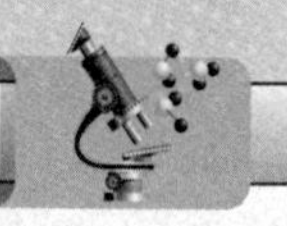

上述实验中，之所以会出现“冰上着火”的现象，主要是因为实验过程中产生了一种气体——乙炔。

纯乙炔为无色无味的易燃、有毒气体。而电石制的乙炔因混有硫化氢（H_2S）、磷化氢（PH_3）、砷化氢而带有特殊的臭味。在液态和固态下或在气态和一定压力下有猛烈爆炸的危险，受热、震动、电火花等因素都可以引发爆炸，因此不能在加压液化后贮存或运输。微溶于水，易溶于乙醇、苯、丙酮等有机溶剂。在15℃和1.5兆帕时，乙炔在丙酮中的溶解度为237克/升，溶液是稳定的。因此，工业上是在装满石棉等多孔物质的钢桶或钢罐中，使多孔物质吸收丙酮后将乙炔压入，以便贮存和运输。

乙炔的化学性质很活泼，能起加成、氧化、聚合及金属取代等反应。

来看一下乙炔的化学反应的具体表现。

（1）氧化反应：

a. 可燃性：$2C_2H_2 + 5O_2 \longrightarrow 4CO_2 + 2H_2O$

现象：火焰明亮、带浓烟，燃烧时火焰温度很高（$>3000℃$），用于气焊和气割。其火焰称为氧炔焰。

b. 被 $KMnO_4$ 氧化：能使紫色酸性高锰酸钾溶液褪色。

$3CH \equiv CH + 10KMnO_4 + 2H_2O \longrightarrow 6CO_2\uparrow + 10KOH + 10MnO_2\downarrow$

（2）加成反应：

可以跟 Br_2、H_2、HX 等多种物质发生加成反应。

现象：溴水褪色或 Br_2 的 CCl_4 溶液褪色

所以可用酸性 $KMnO_4$ 溶液或溴水区别炔烃与烷烃。

与 H_2 的加成

$CH \equiv CH + H_2 \longrightarrow CH_2 = CH_2$

与 HX 的加成

如：$CH \equiv CH + HCl \longrightarrow CH_2 = CHCl$ 氯乙烯用于制聚氯乙烯

（3）聚合反应：

三个乙炔分子结合成一个苯分子。由于乙炔与乙烯都是不饱和烃，所以化学性质基本相似。在适宜条件下，三分子乙炔能聚合成一分子苯。

（4）金属取代反应：

将乙炔通入溶有金属钠的液氨里有氢气放出。乙炔与银氨溶液反应，产生白色乙炔银沉淀。

乙炔具有弱酸性，将其通入硝酸银或氯化亚铜氨水溶液，立即生成白色乙炔银（AgC≡CAg）和红棕色乙炔亚铜（CuC≡CCu）沉淀，可用于乙炔的定性鉴定。这两种金属炔化物干燥时，受热或受到撞击容易发生爆炸，如：反应完应用盐酸或硝酸处理，使之分解，以免发生危险。乙炔在使用贮运中要避免与铜接触。

知识小链接

硝酸银

硝酸银，无色透明的斜方结晶或白色的结晶，有苦味。它用于照相乳剂、镀银、制镜、印刷、医药以及染毛发检验氯离子、溴离子和碘离子等，也用于电子工业。

乙炔也是生产乙醛、合成橡胶、合成纤维和塑料的基本原料。大家常用的塑料梳、塑料皂盒、塑料雨衣以至维纶织物等，都可以用乙炔为基本原料来制造。

乙炔在工业上有很大的用途。例如通常用来切割钢板和焊接金属的氧炔焰，就是通过吹管使乙炔与氧发生燃烧而得到的。燃烧时所产生的氧炔焰的温度高达3000℃以上，用它去切割钢板之类是很合适的，无怪乎工人们称它做“化学锯”，对它的切割本领称赞为“削铁如泥”。

本实验中另一个重要的物质是电石，它是产生乙炔的主要原料。那它有哪些特点和化学性质呢?

电石化学名称为碳化钙，是有机合成化学工业的基本原料，利用电石为原料可以合成一系列的有机化合物，为工业、农业、医药提供原料。工业电石的主要成份是碳化钙，其余为游离氧化钙、碳以及硅、镁、铁、铝的化合物及少量的磷化物、硫化物。电石的化学性质非常活泼，遇水激烈分解产生乙炔气和氢氧化钙，并放出大量的热。利用电石和水的反应可以制取乙炔。

除此之外，电石还有其他的用途。比如，与氮气作用生成氰氨化钙。加

热粉状电石与氮气时，反应生成氰氨化钙，即石灰氮；加热石灰氮与食盐反应生成的氰熔体，可用于采金及有色金属工业。电石本身可用于钢铁工业的脱硫剂，产生的气体遇火后可燃，可以照明等。

揭秘火药

火药是我国古代四大发明之一。它是用硝石、硫磺、木炭按一定比例混合而成。由于木炭的颜色，配成的火药呈黑色，所以又称黑色火药。

黑色火药的配方，根据使用的要求略有出入。一般地讲，含硝石少一些的，燃烧速率较慢；含硝石多的，爆炸力强。一般的配方含硝酸钾75%，木炭15%，硫磺10%。

火 药

火药为什么会爆炸呢?

原来爆炸是一种剧烈的燃烧现象。黑色火药的3种成分，不但磨得很细，混合得又很均匀，而且紧紧地填装在密闭的容器里。点燃后，木炭和硫能从周围的硝酸钾中取得氧而激烈地燃烧，燃烧所放出的热又使木炭和硫更快地燃烧。由于反应的传递非常迅速，反应非常剧烈，同时放出的气体（二氧化碳、二氧化硫等）受热迅速膨胀，以致在瞬息之间造成了很大的压力，终于猛烈地冲破容器的包围，发生了爆炸。

有没有办法减缓火药爆炸这一过程，使我们能够从容地、安全地进行观察呢?

取试管一支，放入3～4克硝酸钾固体，用夹子把试管直立地固定在铁架上，然后用酒精灯加热。当硝酸钾熔化成液体后，再取大小如赤豆般的木炭一小块，投进试管中，并继续加热。当温度达到一定程度以后，木炭便在熔融的硝酸钾液体上突然跳跃起来，并且发出灼热的火光。这时应该立即把酒精灯移开，继续观察木炭跳跃的现象。如果木炭停止了跳跃，可重新加热，那么，木炭又会继续跳跃起来。

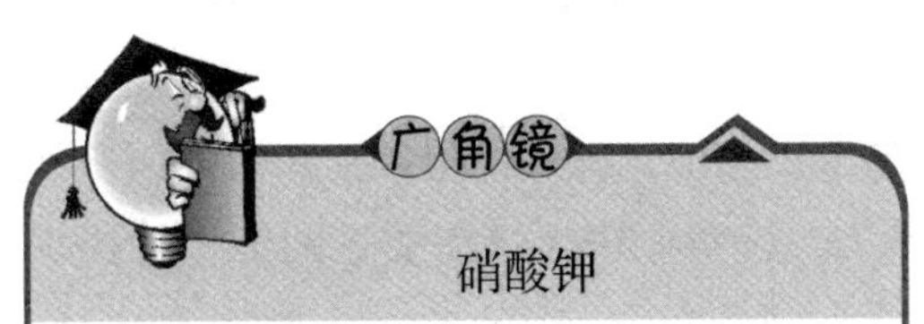

硝酸钾

硝酸钾俗称火硝或土硝。它是黑火药的重要原料和复合化肥。制取硝酸钾可以用硝土和草木灰作原料。土壤里的有机物腐败后，经亚硝酸细菌和硝酸细菌的作用，生成硝酸。硝酸跟土壤里的钾、钠、镁等离子结合，形成硝酸盐。

木炭为什么会突然灼热、发出红光，并且跳跃呢？灼热发光是木炭燃烧的现象。因为任何化学反应都必须在反应物达到一定温度时才能发生。正如煤、木炭等在空气中必须预先加热到一定温度才会燃烧起来，发出光和热，木炭与硝酸钾之间的反应也是如此。因此，加热到反应开始以前，木炭并不燃烧，它只是静静地躺在硝酸钾上，毫无动静。一旦开始反应，反应所放出的大量的热便足以使小小的一块木炭在一瞬间灼热发光。这就是木炭突然灼热发光的道理。

木炭在硝酸钾上跳跃，是木炭与硝酸钾反应时产生了二氧化碳气体的缘故。由于反应的部位恰好在木炭和硝酸钾接触的地方，即在木炭的下方，所以这些气体便会把木炭托起来，看上去好像是在向上跳跃一样。当木炭跃起，与硝酸钾脱离后，反应便中断了，气体不再发生，木炭也就受重力的作用而重新落下。当木炭再次落在硝酸钾液体上的时候，便又发生了第二次跳跃。

这个实验十分有趣，但是绝不能采用较大的木炭。因为这个反应从整体讲来，木炭和硝酸钾的接触面比较小，反应不太剧烈；但从局部讲来，反应还是相当剧烈的，木炭的温度可高达1000℃以上。如果木炭太大了，反应进行得过分激烈，它就有可能从试管中跳了出来，也可能把试管炸开。因此，做这个实验时，为了预防万一，还要求实验者把整个装置放在水泥地上或泥

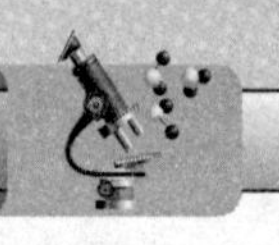

地上进行，装置的附近不能有可燃物，人也要距离试管 2 ~ 3 尺（大概 1 米）以外。

那么，在做这个趣味实验的时候，是不是可以用硫代替木炭进行实验呢？答案是：绝对不可以，这是十分危险的。因为硫是一种比较容易熔化的固体，它在熔融的硝酸钾里马上熔化。这样一来，熔化的硫与硝酸钾接触面积很大，反应十分剧烈，放出的热量和气体很可能来不及排出而使试管爆炸。因此，千万不能用硫代替木炭做这个实验。

火药中的硫与硝酸钾的作用，与木炭相似。硫和硝酸钾到底是“何方神圣”呢？为什么它们有这么大的威力？让我们来慢慢揭秘这两位“神秘杀手”。

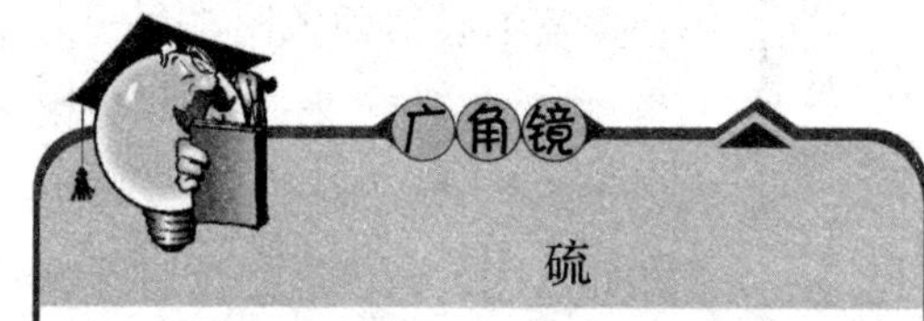

硫

硫是一种元素，在元素周期表中它的化学符号是S，原子序数是16。硫是一种非常常见的无味的非金属，纯硫是黄色的晶体，又称做硫磺。

硫（S），通常为淡黄色晶体，化学性质比较活泼，能与氧、金属、氢气、卤素（除碘外）及已知的大多数元素化合，还可以与强氧化性的酸、盐、氧化物、浓的强碱溶液反应。它存在正氧化态，也存在负氧化态，可形成离子化合物、共价化合成物和配位共价化合物。

硫在工业中很重要，比如作为电池中或溶液中的硫酸。硫也是生产橡胶制品的重要原料。硫还被用来杀真菌，用做化肥。硫化物在造纸业中用来漂白。硫还可用于制造黑色火药、焰火、火柴等。硫代硫酸钠和硫代硫酸铵在照相中做定影剂。硫又是制造某些农药（如石灰硫黄合剂）的原料。硫酸镁可用做润滑剂，被加在肥皂和轻柔磨砂膏中，也可以用做肥料。

医疗上，硫还可用来制硫黄软膏医治某些皮肤病等等。硝酸钾（KNO_3），为无色透明斜方或菱形晶体白色粉末，易溶于水，不溶于乙醇，在空气中不易潮解，该产品为强氧化剂，与有机物接触能燃烧爆炸。它主要用于制黑色火药、焰火、火柴、导火索、烛芯、烟草、彩电显像管、药物、化学试剂、催化剂、陶瓷釉彩、玻璃、肥料及花卉、蔬菜、果树等经济作物的叶面喷施肥料等。另外，冶金工业、食品工业等将硝酸钾用作辅料。

水下火山

水是灭火的，难道水下也能喷出火来？在化学的世界里，一切都是有可能发生的。下面这个小小的化学实验，可以让大家见证这种不可能的发生。

取硝酸钾 5 份、硫磺粉 2 份、木炭粉 1 份，分别研细，然后混合配成黑色火药备用。

做 1 只纸筒，高 2 分米、直径 1 分米。一端封口，然后用熔融松香在整个筒表面上涂上一层。然后向纸筒里装入约占筒高 1/4 的细沙，再把黑色火药装满，插一根引火线，最后把黑色火药压紧。

引火线是用棉绳浸透浓硝酸钾溶液，晒干而成。

水底火山

把装好火药的纸筒直立在空玻璃杯里。仔细向玻璃杯注水接近纸筒口，注水时不要弄湿纸筒里的黑色火药。

点燃引火线，不久就可以看到大量烟尘和火焰从纸筒里喷出来。随着火药的燃烧，纸筒也烧起来。燃烧蔓延到水下部分，直到火药烧完为止。

点火以前，纸筒口不得被水浸湿，否则无法点燃。纸筒表面涂的一层松香，可防止水渗入筒内。筒底放沙可以使筒底加重，防止纸筒在注水后倾倒或浮起。

水是灭火的，为什么燃烧能在水下进行呢？

通常情况下，水确实可以熄灭一般可燃物的燃烧。因为它可以使可燃物隔绝空气，同时又起降温作用，使可燃物的温度降到其燃点以下。但对于这个火药燃烧的实验，水是无能为力的。因为火药里的硝酸钾在受热时

能放出氧，所以它的燃烧不需要空气助燃。另外，火药一旦点燃，就产生大量的炽热的气体。气体向外喷射，其压强足以把水冲开，因此也无法使可燃物降温。

火药是会爆炸的，为什么这个实验只是喷火而没有爆炸呢？一个原因是它的配方里含硝酸钾比较少，供氧少，燃烧速率比较低；另一个原因是装火药的纸筒不是密封的，燃烧所产生的气体能够及时排出，不会积累成高压而使外壳爆破。

实际上，水下爆炸的例子也并不少见。如疏浚航道时，就是利用炸药在水中将险滩暗礁炸掉；军事上，也可以用深水炸弹炸毁敌潜艇。

在化工生产中，有一种加热方法叫作浸没燃烧。浸没燃烧法是一种高效燃烧方法。它预先将燃气与空气充分混合，送入燃烧室进行完全燃烧，让高温烟气直接喷入液体中，从而加热液体。其燃烧过程属于无焰燃烧，传热过程则属于直接接触传热。

浸没燃烧效率高，可达90%～96%以上，水在进行低温加热时热效率接近100%。由于高温烟气从液体中鼓泡排出，气液两相进行直接接触传热，且气液混合与搅动十分强烈，大大增加了气液间的传热面积，强化了传热过程，烟气的热量最大限度地传给了被加热液体，排烟温度低。这种加热方法比较简便，投资少，传热效率高。

浸没燃烧应用较广，如海水、矿物水及酸碱洗液的加热，集中供热系统，采矿，造纸，木材加工，全自动汽车洗涤，纺织业，洗衣店，污水控制与处理池（维持池水温度以确保持续的高级生物分解，特别在那些一年四季温度相差很大的地区）等等。可利用浸没燃烧所得的混合气获得工艺所需气体（N_2和CO_2），并用它来清洗物体的内外表面、消毒和解毒。

可见，生活和工作中，并不乏“水下火山”的现象，这些都是科学家和科研工作者智慧的结晶。同时，这些发明和化学实验的应用，确实为人们的工作和生活造福不小。

在 CO_2 中燃烧的“怪物”

通常我们都有这样的经验：可燃性物质在不与氧气或空气接触的情况下，是不能燃烧的。点着的酒精灯，罩上盖子就熄灭了；长久不通灰的煤炉，火就烧得不旺，甚至会闷熄。但是，我们不能因此就认为：没有氧气存在就不会有燃烧现象。

就以二氧化碳气体来说，大家都知道它是一个灭火的“能手”。但有些物质却偏偏能在二氧化碳中燃烧。

先制取 1 瓶二氧化碳气体，在盛有十几粒大理石（它的主要成分是碳酸钙）的细口瓶中，加入一些浓度为 10% 左右的稀盐酸（足够浸没大理石即可），瓶里即有二氧化碳气泡产生。

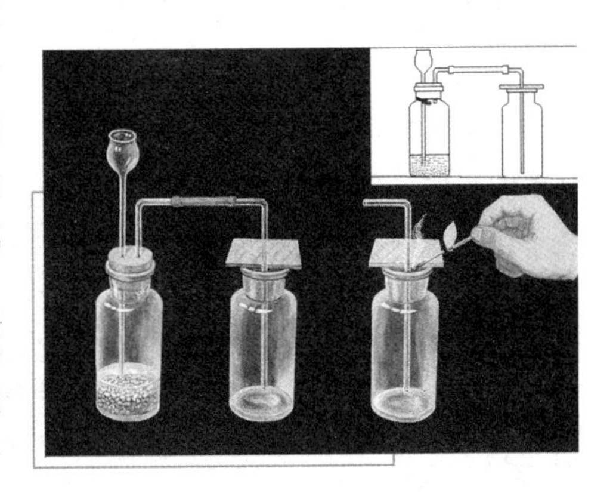

制取二氧化碳

随即用 1 个装有导管的塞子塞紧，生成的二氧化碳经导管收集在集气瓶中。气体是否集满可以用一根点燃的木条放在瓶口试验，如果火焰熄灭了，说明二氧化碳已经集满。这时，用镊子夹住一根镁条，在酒精灯上点燃后，迅速插入集有二氧化碳的瓶中。那时，你不但可以看到镁条在二氧化碳中仍能继续燃烧，而且还发出耀眼的白光，并伴有黑色的烟从集气瓶口逸出。反应完毕后，在集气瓶壁上可见到布满大量的白色粉末，瓶底则聚集有黑色的炭粒。

为什么在没有氧气而只有二氧化碳气体的情况下也会发生燃烧现象呢？原来，燃烧并不局限于物质和氧的剧烈作用，而是一种比较普遍的化学反应现象。凡是急剧进行的并且放出光和热的反应，都可以认为是燃烧。当镁条点燃后放在二氧化碳气体中，它可以和二氧化碳中的氧发生猛烈的反应，放出大量的热，生成了白色的氧化镁附在瓶壁上，同时还分解出碳来（一部分形成浓厚的黑烟，一部分聚集在瓶底）。

反应产生的热和光形成了镁在二氧化碳气体中的燃烧现象。

盐酸

盐酸，无色澄清液体，溶质的化学式为 HCl。

燃烧也不限于在二氧化碳里发生，有些物质也可以在氯气、硫磺蒸气里燃烧。例如，工业上就是让氢气流在氯气中燃烧，先制得氯化氢气体，然后用水吸收，而制得盐酸。某些金属如灼热的铜、铁等粉末，在硫磺蒸气里也能起剧烈的化学变化，放出光和热来，发生燃烧现象。

既然有在二氧化碳中燃烧的现象，那么，我们也可以研究一下二氧化碳使火焰熄灭的极限是什么。给大家介绍一个关于二氧化碳使火焰熄灭的极限研究的实验。

【实验用品】集气瓶、平底烧瓶、导管、橡皮管、单孔橡皮塞、铁架台（带铁架）、玻璃片、酒精灯、木条、水槽、碳酸钙、盐酸（1:2）。

气体的收集

【实验步骤】

1. 按用排水法收集二氧化碳的装置安装好实验用品，把收集好的二氧化碳和空气的混合气体放入集气瓶中。

2. 用燃着的火柴（或木条）放在集气瓶口试验，火焰燃烧或熄灭的情况，记录于表。

【实验分析】

1. 实验证明，二氧化碳在空气中的体积百分比含量高于 20% 时，燃着的火焰就会熄灭。这个数值可以约略视为是 CO_2 使木柴火焰熄灭的极限。可见，装满了 CO_2 的集气瓶，用燃着的火柴放在集气瓶口，火焰固然要熄灭；而没

有装满 CO_2 的容器，只要 CO_2 在空气中的体积百分比含量大于这个极限值，同样可以使燃着的火柴熄灭。因此，不可以仅用燃着的火柴熄灭与否来证明一个容器里是否充满了二氧化碳（通常称为 CO_2 的检满或检纯实验）。

2. 因 CO_2 溶于水，但不溶于酸，所以在用排水法收集 CO_2 气体时，可在水槽里加几滴盐酸或硫酸，以降低 CO_2 在水中的溶解度。

由此可见，在化学的世界里，没有任何绝对的东西。这个奇妙的世界，总是会带给人惊喜的。

长胡须的铝

有人说，铝不会生锈。铝真的不会生锈吗？实际上铝比铁活泼得多，它在常温下比铁更容易与水或空气中的氧发生化学变化而生锈。我们常用的铝制品之所以不会像铁那样腐蚀损坏，是因为它的表面早已覆盖上一层氧化铝膜，而这层薄膜是由铝和空气中的氧化合而成的，它紧密而不透气，所以能保护内层的铝不再与氧发生反应。如果把这层氧化铝膜除去了，并设法使新生成的氧化铝不再形成薄膜，那么，我们就可以观察到铝的腐蚀——生锈的情况。

找一小块铝片（或铝丝），用砂皮或小刀刮掉它的表面层（氧化铝薄膜），然后用蘸有硝酸汞溶液（有毒，切勿入口，如果手上沾有溶液，一定要用肥皂彻底洗净）的布块磨擦几下。一两分钟以后，在铝片的表面上便长出了像刷子一样的胡须。这时如果用手摸一下铝片，还会感觉到它的温度显著地升高了。

实验完毕，用肥皂洗净双手。

铝片被砂皮刮去氧化膜以后，它就立即与空气中的氧发生作用，

铝

铝，一种金属元素，质地坚韧而轻，有延展性，容易导电，可作飞机、车辆、船、舶、火箭的结构材料，纯铝可做超高电压的电缆。

生成一层氧化铝。这层新生成的氧化铝比较薄，而且也不是完全没有孔隙的，用浸透了硝酸汞溶液的布块磨擦它，薄膜就被损坏，那些暴露出来的金属铝立即与硝酸汞发生反应，生成汞和硝酸铝，生成的汞进一步和铝组成铝汞合金。接着，在这层铝汞合金中，位于表面与空气接触的铝首先氧化成为氧化铝。铝汞合金表面上

铝 丝

的铝由于氧化作用而消耗了，所以表面含有铝的数量大大少于合金内部，以致引起合金内部的铝原子向表面扩散；同样，铝片中的铝原子也向合金方向扩散。这样一来，铝原子便不断通过铝汞合金向表面扩散，并且在表面上与空气中的氧反应，生成氧化铝。不过，因为铝原子的扩散作用，使得后来发生氧化作用所生成的氧化铝，好像结晶那样逐渐长大，而不形成光滑的、均匀的薄膜。所以，氧化铝晶体越来越长，好像长胡须一般。

基本小知识

氧化膜

金属钝化理论认为，钝化是由于表面生成覆盖性良好的致密的钝化膜。大多数钝化膜是由金属氧化物组成，故称氧化膜。

虽然在理论上说来，这个氧化过程可以不断发生，直到金属铝全部氧化腐蚀完毕为止。但是，实际上由于生成的氧化铝越来越多，铝的扩散速度也越来越慢，氧化反应逐渐变慢，所以时间久了，便好像完全停止一样。

从这个实验可以看出，铝是很容易氧化的金属，它比铁、铜等金属的氧化要快得多。同时，实验还证明了铝的氧化过程是放热的。人们利用了铝的这些性质，把铝粉混在炸药中提高炸药的爆炸力。此外，在炼钢时也常利用铝去消除钢中的氧化物杂质。在去除杂质的时候（发生铝的氧化），还利用了反应所放出的热来提高钢水的温度，提高钢铸件的质量。

其实，铝是人类生活的伴侣，人类的好多活动都离不开铝。铝可以从其它氧化物中置换金属（铝热法）。其合金质轻而坚韧，是制造飞机、火箭、汽车的结构材料。纯铝大量用于电缆，广泛用来制作日用器皿。

纯铝很软，强度不大，有着良好的延展性，可拉成细丝和轧成箔片，大量用于制造电线、电缆、无线电工业以及包装业。它的导电能力约为铜的2/3，但由于其密度仅为铜的1/3。因而，将等质量和等长度的铝线和铜线相比，铝的导电能力约为铜的2倍，且价格较铜低。所以，野外高压线多由铝做成，节约了大量成本，缓解了铜材的紧张。

火　箭

铝的导热能力比铁大3倍，工业上常用铝制造各种热交换器、散热材料等，家庭使用的许多炊具也由铝制成。与铁相比，它还不易锈蚀，延长了使用寿命。铝粉具有银白色的光泽，常和其他物质混合用作涂料，刷在铁制品的表面，保护铁制品免遭腐蚀，而且美观。由于铝在氧气中燃烧时能发出耀眼的白光并放出大量的热，又常被用来制造一些爆炸混合物，如铵铝炸药等。

冶金工业中，常用铝热剂来熔炼难熔金属。如铝粉和氧化铁粉混合，引发后即发生剧烈反应，交通上常用此来焊接钢轨；炼钢工业中铝常用作脱氧剂；光洁的铝板具有良好的光反射性能，可用来制造高质量的反射镜、聚光碗等。铝还具有良好的吸音性能，根据这一特点，一些广播室、现代化大建筑内的天花板等有的采用了铝。因为纯铝较软，1906年，德国冶金学家维尔姆在铝中加入少量镁、铜，制得了坚韧的铝合金，后来，这一专利被德国杜拉公司收买，所以铝合金又有“杜拉铝”之称。在以后若干年的发展过程中，人们根据不同的需要，研制出了许多铝合金，在许多领域起着非常重要的作用。

在某些金属中加入少量铝，便可大大改善其性能。如青铜铝（含铝4% ~ 15%），该合金具有高强度和较好的耐蚀性，硬度与低碳钢接近，且有着不易变暗的金属光泽，常用于珠宝饰物和建筑工业中，制造机器的零件和工具，用于酸洗设备和其他与稀硫酸、盐酸和氢氟酸接触的设备；制作电焊机电刷和夹柄、重型齿轮和蜗轮、金属成型模、机床导轨、不发生火花的工具、无磁性链条、压力容器、热交换器、压缩机叶片、船舶螺旋桨和锚等。在铝中加入镁，便制得铝镁合金，其硬度比纯的镁和铝都大许多，而且保留了其质轻的特点，常用于制造飞机的机身，火箭的箭体；制造门窗、美化居室环境；制造船舶等。

知识小链接

氢氟酸

氢氟酸，色透明发烟液体，为氟化氢气体的水溶液，呈弱酸性，有刺激性气味，与硅和硅化合物反应生成气态的四氟化硅，但对塑料、石蜡、铅、金、铂不起腐蚀作用。

透明液体的背后

石蕊是酸石碱指示剂，是一种弱的有机酸，其在水溶液里能发生如下电离：Hln（红色）$\leftrightarrow H^{+}$ + ln^{-}（蓝色）。在酸性溶液里，红色的分子是存在的主要形式，溶液显红色；在碱性溶液里，上述电离平衡向右移动，蓝色的离子是存在的主要形式，溶液显蓝色；在中性溶液里，红色的分子和蓝色的酸根离子同时存在，所以溶液显紫色。

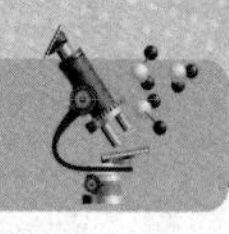

这种火焰"心太软"

你见过不怕火的手帕吗？连火对它都无能为力，难道它真的有魔力吗？其实，只要你了解了下面这个实验，你也可以拥有这样一个"有魔力"的手帕。

在杯子里注入普通酒精（浓度为95%）2份和清水1份，充分摇匀（消毒用的酒精不用加水，直接就可用）。然后把一块手帕放在这个溶液里浸透，用镊子夹住拿出来（注意，手上不要沾有酒精，以免着火）。用火柴去点燃，可以看到火焰很旺盛，好像手帕就要烧成灰烬似的。等到火焰减小时，迅速摇晃使火焰熄灭，再仔细一看，手帕竟然丝毫没有被烧坏。

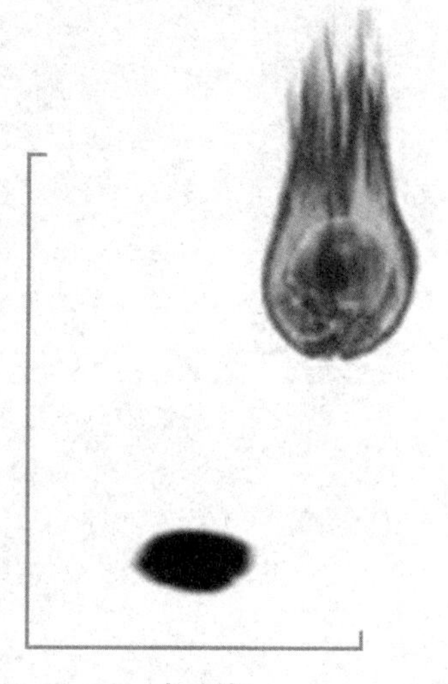
火　焰

这究竟是为什么呢？是什么样的化学反应让手帕可以拥有不怕火的"魔力"呢？我们可以猜想到这主要是由于火焰温度低的缘故。

那么，为什么这个火焰温度会比较低呢？其实，火焰温度就是燃烧着的气体温度。当酒精和水的混合液被点着火时，它们逐渐蒸发成酒精蒸气和水蒸气。由于产生了不可燃烧的水蒸气，使酒精蒸气的浓度相对地减小，所以燃烧就不太剧烈，所产生的热量也比较少。另外，因为有水的存在，酒精蒸气燃烧时所放出的热量，有一部分还消耗在使水气化为蒸气，以及用来烧热这些完全不可燃的水蒸气上，因此总共消耗掉的热量就更多了。这样一来，火焰的温度也就必然降低了。

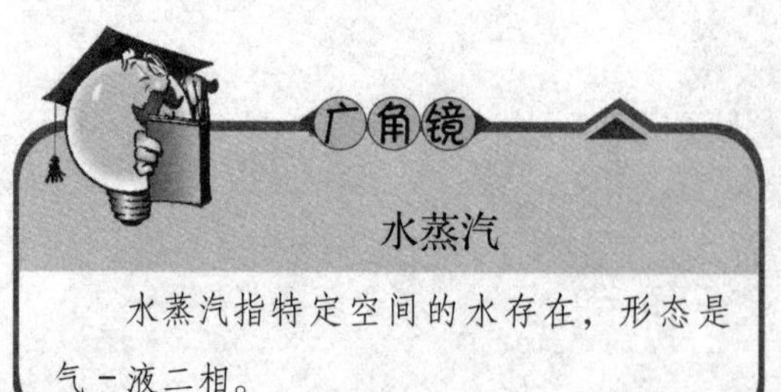

水蒸汽

水蒸汽指特定空间的水存在，形态是气－液二相。

由此我们可以得出一个结论：如果在一种易燃的物质中适当掺进一些很易气化而且不能燃烧的物质，就可以使火焰温度降低。

同样的道理，比如，把容易燃烧的二硫化碳（3 体积）和不能燃烧的四氯化碳（8 体积）在铁罐中混合，用火点燃后，就可以看到燃烧着的火焰（注意：二硫化碳容易着火，且它的蒸气有毒，因此实验必须在通风的地方，且有教师的指导才能进行）。如果你放一张纸在这个火焰上，就会发现这个火焰温度低到连纸张也烧不着。

通常人们总是把火焰温度和火焰光亮程度等同起来，认为火焰愈亮，温度必然愈高。其实这种看法是片面的，例如焊接上经常使用的氢氧吹管所产生的氢氧焰，虽然足以切割和焊接钢板，温度高达 2500℃ ~3000℃，然而它的火焰并不明亮。再像酒精灯火焰的最外层虽然不及中层的明亮，但温度反而较高。这是因为火焰的亮度不仅决定于火焰的温度，还与火焰中有无固体颗粒存在等因素有关。所以，火焰亮度并不一定和火焰温度成正比例关系。

知识小链接

钢　板

钢板是用钢水浇注，冷却后压制而成的平板状钢材。

我们不妨用蜡烛或酒精灯的火焰作进一步的证明。把一根小木杆或火柴杆迅速地平放在火焰里，然后立即取出。这时你可以看到，处在火焰最明亮部分的木杆还未烧着；而处在火焰最外层不很明亮的部分，木杆却已经烧成焦黑色的了。这就清楚地说明火焰最外层虽不及里面明亮，但是温度倒是比较高的。平时我们做实验时，常常在酒精灯或煤气灯的火焰最外层加热，就是根据这个道理。

溶于火的“水”

大家知道，水和火是不相容的。下面这个实验，火光偏偏是在“水”里发生的。

在试管里盛约5毫升纯酒精，把试管斜放着，沿着试管壁慢慢地加入等体积的浓硫酸（不要摇动试管）。这时可以看到试管里的液体分成两层，比较重的浓硫酸沉在下面。然后，再往试管里放入十几粒高锰酸钾（注意高锰酸钾量不可过多，否则反应过于剧烈，管里的液体会冲出来。另外，管中装的浓硫酸有腐蚀性，操作时要注意安全，最好把试管放在烧杯或者玻璃瓶中进行，以免硫酸泼出）。这时，在两层液体的交界处，就会很快地发出闪闪的火花。如果这个实验在晚上或者黑暗的地方进行，火花更加显得明亮。

液体中发生燃烧，这并不奇怪。因为高锰酸钾是一种强氧化剂，粉末状的高锰酸钾与浓硫酸相遇，立即反应生成绿色油状的高锰酸酐（Mn_2O_7）。它在273 K以下是稳定的，在常温下即会爆炸分解生成MnO_2、O_2。Mn_2O_7有极强的氧化性，一遇有机物就发生燃烧，并放出热量。这些氧和热已足够使酒精燃烧和维持燃烧进行。但是，我们只能看见在浓硫酸和酒精两层交界的地方发生火花的现象。这是因为在这个实验中，生成氧和热的量比较少，所以，它只能发生火星，不能使酒精连续的燃烧。

在本实验中，这种水火交融的现象之所以能发生，主要是因为以下物质：

◎浓硫酸

浓硫酸是一种无色无味油状液体。常用的浓硫酸中H_2SO_4的质量分数为98.3%，其密度为1.84克/立方厘米，其物质的量浓度为18.4摩尔/升。硫酸是一种高沸点难挥发的强酸，易溶于水，能以任意比与水混溶。浓硫酸溶解时放出大量的热，因此浓硫酸稀释时应该“酸入水，沿器壁，慢慢倒，不断搅”。若将浓硫酸中继续通入三氧化硫，则会产生“发烟”现象，这样超过98.3%的硫酸称为“发烟硫酸”。

浓硫酸

脱水性是浓硫酸的化学特性，物质被浓硫酸脱水的过程是化学变化的过程。反应时，浓硫酸按水分子中氢氧原子数的比（2∶1）夺取被脱水物中的氢原子和氧原子。可被浓硫酸脱水的物质一般为含氢、氧元素的有机物，其中蔗糖、木屑、纸屑和棉花等物质中的有机物，被脱水后生成了黑色的炭（炭化）。

◎酒　精

酒精是一种无色透明、易挥发、易燃烧、不导电的液体。有酒的气味和刺激的辛辣滋味，微甘。酒精的学名是乙醇，分子式 C_2H_5OH，因为它的化学分子式中含有羟基，所以叫做乙醇，比重 0.7893（20/4）。凝固点零下 117.3℃，沸点 78.2℃，能与水、甲醇、乙醚和氯仿等以任何比例混溶，有吸湿性，与水能形成共沸混合物，共沸点 78.15℃。乙醇蒸气与空气混合能引起爆炸，爆炸极限浓度 3.5% ~18.0%（W）。酒精在 70%（V）时，对于细菌具有强列的杀伤作用，也可以作防腐剂、溶剂等。处于临界状态（243℃、60 千克/平方厘米）时的乙醇，有极强烈的溶解能力，可实现超临界淬取。由于它的溶液凝固点下降，因此，一定浓度的酒精溶液，可以作防冻剂和冷媒。酒精可以代替汽油作燃料，是一种可再生能源。

再生能源

再生能源是可以再生的水能、太阳能、生物能、风能、地热能和海洋能等资源的统称。

基本小知识

乙醇

乙醇的结构简式为 CH_3CH_2OH，俗称酒精，它在常温、常压下是一种易燃、易挥发的无色透明液体。它的水溶液略带刺激性。

◎高锰酸钾

高锰酸钾亦名“灰锰氧”“PP粉”，是一种常见的强氧化剂，常温下为紫黑色片状晶体，易见光分解：$2KMnO_4(s) = K_2MnO_4(s) + MnO_2(s) + O_2(g)\uparrow$，故需避光存于阴凉处，严禁与易燃物及金属粉末同放。高锰酸钾以二氧化锰为原料制取，有广泛的应用，在工业上用作消毒剂、漂白剂等。在实验室，高锰酸钾因其强氧化性和溶液颜色鲜艳而被用于物质鉴定，酸性高锰酸钾是氧化还原滴定的重要试剂。

燃料酒精

为了更好地让大家理解这种水火相容的化学现象，下面给大家介绍液体中火光的系列实验。

实验一：

【实验用品】试管（ϕ30×110 毫米）、500 毫升烧杯、分液漏斗、铁架台（带铁夹）、镊子、氯酸钾、白磷、浓硫酸。

【实验步骤】白磷与浓硫酸擦出的“火花”

1. 在一个大试管里加入四分之三体积的水，然后加入约 8 克固体氯酸钾，在氯酸钾层的上面，放置绿豆粒大小的两粒白磷。把试管浸入盛水的大烧杯中并固定在铁架台上。在分液漏斗里加入浓硫酸，把分液漏斗插进盛有水、氯酸钾和白磷的试管中，使漏斗的下口和白磷接触。

2. 扭开分液漏斗的活塞，使浓硫酸缓慢滴在白磷上（不要加入太快）。可以观察到水下闪烁着火花，同时还可听到水下的混合物发出爆裂声。

基本小知识

白　磷

白磷，白色或浅黄色半透明性固体，质软，冷时性脆，见光色变深，暴露在空气中或在暗处产生绿色磷光和白色烟雾。在湿空气中约30℃着火，在干燥空气中则稍高。白磷能直接与卤素、硫、金属等起作用，与硝酸生成亚磷酸，与氢氧化钠或氢氧化钾生成磷化氢及次磷酸钠。应避免与氯酸钾、高锰酸钾、过氧化物及其他氧化物接触。

【实验分析】

1. 这里引燃白磷所需要的氧气和热量是靠水下的氯酸钾和浓硫酸之间的反应供给的。浓硫酸与氯酸钾发生下列的化学反应：

$$KClO_3 + H_2SO_4 = KHSO_4 + HClO_3$$

由于溶液中有浓硫酸存在，氯酸将加速分解并放热。

$$3HClO_3 = HClO_4 + H_2O + 2ClO_2 \uparrow$$

生成的二氧化氯溶于硫酸而使溶液呈淡黄绿色。二氧化氯不稳定易分解：

$$2ClO_2 = Cl_2 + 2O_2$$

所以，当浓硫酸跟氯酸钾接触时，有氧气、氯气产生，同时有热量放出，达到了白磷的燃点，导致了白磷在水中剧烈氧化而燃烧起火。

2. 氯酸钾与白磷接触形成一种十分危险的爆炸物，因此必须注意安全。本实验一定要让氯酸钾在水中形成一层后再放入白磷，切不可把白磷放在氯酸钾上再加入水。

3. 实验完毕，如果取用的白磷没有全部反应完，必须用镊子小心取出，在通风橱内使它燃烧掉。禁止用手直接去取。

4. 该实验也可用大试管和移液管进行。方法是：在一个大试管里，加入4～5克氯酸钾的固体，沿试管口内壁缓缓加入约为试管体积1/2的水，然后投入一块黄豆样大小的白磷。将试管夹持在铁架台上，然后用移液管吸取浓硫酸，将浓硫酸直接移放到试管底部。当浓硫酸跟氯酸钾、白磷接触时，水下不断闪烁耀眼的火光，同时还能听到从水底发出的炸裂声。

实验二：电石的“水”下火花

【实验用品】玻璃、饱和氯水、电石。

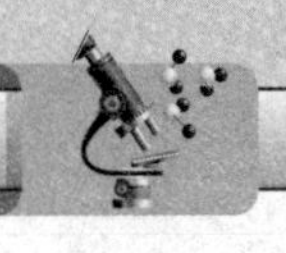

电石

碳化钙，即电石，无机化合物。无色晶体，工业品为灰黑色块状物，断面为紫色或灰色。遇水立即发生激烈反应，生成乙炔，并放出热量。碳化钙是重要的基本化工原料，主要用于产生乙炔气，也用于有机合成、氧炔焊接等。

【实验步骤】

在一个大玻璃筒内，装入约4/5体积的饱和氯水，随即投入几颗小电石块，立即可见小电石在玻璃筒内的氯水中上下浮动，火花四起。在暗处观看，更是有趣。

【实验分析】

1. 电石与水反应产生的乙炔与氯水中的 Cl_2 反应如下：

$$C_2H_2 + Cl_2 = 2HCl + 2C$$

2. 本实验的缺点是：氯水用量多，有刺激性臭味，同时反应游离析出炭尘，污染教室环境。整个实验拟在一分钟内完成是必要的。

实验三："气"出火花

【实验用品】玻璃管（φ20～25毫米，长150～200毫米）、双孔橡皮塞、玻璃导管、橡皮管、氯气、乙炔。

【实验步骤】

1. 把实验装置安装好。

2. 当电石与饱和食盐水反应产生的乙炔（C_2H_2）和 MnO_2 与浓盐酸反应产生的氯气（Cl_2）同时导入盛有热水（50℃～60℃）的玻璃管内，让两种气体在水下相遇（导气管口相对，且相距0.5～1厘米），就会有明亮耀眼的闪电光辉在水下出现。只要这两种气体不断在水下相遇，这种奇观壮景就会不断地得到再现。

烧杯中的化学反应

3. 做这一系列实验的时候，一定要在专业教师的指导下进行，而且细致的记下实验的步骤，以防发生危险。

魔幻的图画

在一个文艺晚会上，看到一个精彩的节目。只见一位小朋友，拿出一张白纸和一根留有余烬的引火棒，说：用这根引火棒，在纸上一点就可以烧出一幅图画来。说也奇怪，他在纸上一点，纸被烧成一个窟窿，同时看到火星从这个窟窿延伸开来，很快就烧出一个字来，仔细一看是个“火”字。他又拿出另一张白纸，同样用留有余烬的引火棒一点，却烧出一只动物来，这引起大家啧啧称赞。

其实，这位小朋友的表演是化学魔术。他的全部奥妙都在那张纸上，我们同样也可以表演一番。

取一张薄而易吸水的白纸（如一张过滤纸），同时配制一瓶特殊的绘画“墨”水——浓度约为30%的硝酸钾溶液。用毛笔蘸取硝酸钾溶液在纸上作画，但要求笔划简单而且连贯，画好后，让纸晾干，图画的痕迹全部消失，看上去仍然是一张无瑕的白纸，连作画者也分不清。所以表演者应事先在尚未干透的图画上作一记号，如用小针在画迹的某处戳一个不明显的小孔。画纸干透后，就可用来表演。表演时只要用引火棒点燃原来作过记号的小孔，火星就按着绘画的痕迹漫延开了，原来的画迹很快就显现出来了。

知识小链接

过滤纸

过滤纸为一种有效的过滤介质，已被广泛地用于各个领域。根据组成滤纸的纤维种类不同，过滤纸的性能、用途也不一样，有用于一般场合的普通滤纸，用于高温下的玻璃纤维滤纸，也有超净用聚丙烯滤纸等。

道理很简单，用硝酸钾（KNO_3）溶液作画，纸上留有硝酸钾的痕迹，当用引火棒点燃时，硝酸钾受热分解出微量的氧气，帮助白纸燃烧，因而燃烧顺着有硝酸钾痕迹的地方进行。又由于燃烧缓慢，产生的热量基本上都散失了，所以未蘸有硝酸钾的纸不会燃着。硝酸钾的这种助燃性质曾经用来作引火索，过去也曾用以处理卷烟的纸，以防纸烟点燃后断火。

我们还可以换其他的液体来做这个实验。

事先在一张比较厚的白纸上，用浓度在15% ~20% 的亚铁氰化钾（俗称黄血盐）溶液画出汹涌澎湃的波涛，再用浓度为15% ~20% 的硫氰化钾浓溶液画一只船以及船只上的烟囱，最后用5% 浓度的硫氰化钾稀溶液在烟囱上画上一颗五角星。干燥后，只见白纸一张，几乎看不出什么特殊的颜色和痕迹。

由于含氰的化合物都有毒性，所以要注意安全，切勿让药品入口。实验完毕，必须用肥皂把双手彻底洗净。

实验开始后，用喷雾器把5% 浓度的氯化铁稀溶液喷洒在那张白纸上。转眼间，在雪白的纸上出现了一幅美丽的图画：深蓝色的波涛，红褐色的船只，烟囱上还有一颗耀眼的五角红星。

黄血盐是一种淡黄色的晶体，硫氰化钾是无色的晶体。它们极易溶于水，溶液都是浅色或无色的。当黄血盐与含有三价铁的氯化铁溶液相遇作用时，就生成了深蓝色的沉淀物（俗称铁蓝或普鲁士蓝）。画中波浪的蓝色就是这种铁蓝的颜色。

硫氰化钾与氯化铁溶液相遇时，也发生反应，结果生成的是血红色的硫氰化铁溶液。由于硫氰化钾的浓度不同，所以，船身与五角星的颜色也有浓淡的差别。

这种由于产生了特殊物质而呈现颜色变化的现象，是人们验

变色实验

证某些物质的一种依据。譬如要检验某种化工产品中是否含有铁质（三价的铁），只要把它变成溶液，然后把黄血盐溶液或硫氰化钾溶液滴入其中：如果溶液内出现了深蓝色的沉淀或者变为血红色的溶液，就表示试样中有三价铁存在。

此外，人们在检查铁器表面的防锈层是否严密时，往往先把要检查的铁器用四氯化碳洗干净，然后放在溶有动物胶、甘油和黄血盐的温水里。经过一昼夜以后，如果防锈层不严密，暴露出来的铁便与黄血盐发生作用，使溶液变蓝。所以，根据溶液是否变蓝，便可以知道铁器表面的防锈层是否严密无损。

根据这种化学反应，人们还可以做很多“变色实验”。比如下面这个“喷雾作画”。

【实验用品】过滤纸、喷雾器、玻璃棒、0.1 摩/升盐酸、0.1 摩/升氢氧化钠、甲基橙试液。

【实验步骤】

1. 用玻璃棒蘸取 0.1 摩/升盐酸在一张白滤纸上画上一朵月季花的花瓣，花瓣无色。

2. 再用另一根玻璃棒蘸取 0.1 摩/升氢氧化钠溶液画上月季花的花蕊，花蕊无色。

3. 把甲基橙溶液装入喷雾器，向画好月季花的滤纸上喷洒。雾到之处，就开出一朵黄蕊红瓣的月季花。

【实验分析】

1. 甲基橙试液在酸性溶液中显红色，在碱性溶液中显黄色。因为滤纸上的月季花，花瓣是由盐酸画的，花蕊是由氢氧化钠溶液画的。所以喷上甲基橙后，成为黄蕊红瓣的月季花。

2. 用玻璃棒蘸氢氧化钠画花

甲基橙

甲基橙，橙红色鳞状晶体或粉末，微溶于水，较易溶于热水，不溶于乙醇，显碱性。0.1% 的水溶液是常用的酸碱指示剂，pH 值变色范围 3.1（红）~4.4（黄），测定多数矿酸、强碱和水的碱度。容量测定锡（热时 Sn^{2+} 使甲基橙褪色）。强还原剂（Ti^{3+}、Cr^{2+} 和强氧化剂（氯、溴）的消色指示剂。

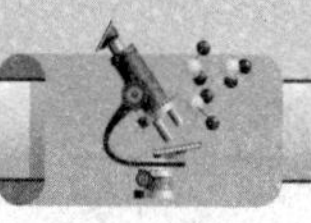

蕊时，“笔道”要细，注意不要让碱液扩散。否则氢氧化钠遇到盐酸，会发生中和反应。喷上甲基橙试液后，无颜色变化，影响效果。

3. 酚酞、甲基橙、石蕊都是工农业生产和实验室里常用的酸碱指示剂。

鸡蛋也可以游泳

新鲜的鸡蛋放在水里，总是沉在水底下而不会浮起来的。可是在下面的实验里，我们不仅可以使鸡蛋浮起来，而且可以叫它上下浮沉。

在一个大茶杯中，放入约半杯清水。把一个没有破损的、体积较小的新鲜鸡蛋放入杯中，这时鸡蛋静静地躺在杯底。然后往茶杯里加入约 10 毫升的浓盐酸（加入的浓盐酸量大约是清水体积的 1/20；如果用稀盐酸，可以酌量多加一些)，并且用竹筷或玻璃棒搅匀溶液。不久，鸡蛋壳上慢慢地冒出气泡来了，气泡由小到大，由少到多。不多时鸡蛋便缓缓上升，并且还会上下浮沉。

遇到这种情景，大家不免会想：鸡蛋不会浮在清水上面，为什么在加有盐酸的溶液中却能浮起来呢？原因在于蛋壳的主要成份是碳酸钙，它碰到盐酸会起作用，产生大量的二氧化碳气体。

由于二氧化碳气体不断地附在蛋壳周围，于是它们的总体积就比鸡蛋原来的体积大得多，浮力也就逐渐增加。等到浮力大于鸡蛋重力的时候，鸡蛋便立刻浮起来了。而当鸡蛋到达液面时，附在它表面上的二氧化碳大部分散走了，当它的重力重新大于浮力时，它就再次没入。

鸡　蛋

这个实验的成败，除了与盐酸的浓度有关以外，还要求选用的鸡蛋尽可能的小些。鸡蛋越小，它就越容易上升和下沉。

经过一段时间以后，蛋壳不再产生气泡。这时，如果把鸡蛋取出用水冲净，就会发现鸡蛋变得软绵绵，好像已经剥去壳似的。这是因为鸡蛋被盐酸“剥”去了一层硬壳，只剩下不含碳酸钙的软膜。鸡蛋依赖这层软膜，才勉强地包住蛋白和蛋黄，不至破裂流散。

也许你吃过糟蛋吧，糟蛋和咸蛋、皮蛋等不同，它的壳是软的。这是因为它是用酒糟制成的。酒糟中含有的各种有机酸（主要是醋酸），都能和蛋壳中的碳酸钙发生作用，生成二氧化碳气体。像盐酸和碳酸钙作用一样，这些有机酸把蛋的硬壳“剥”掉了，所以糟蛋就像没有壳似的发软。

基本小知识

糟蛋

糟蛋是新鲜鸭蛋用优质糯米糟制而成，是我国别具一格的传统特产食品，以浙江平湖糟蛋、河南陕州糟蛋和四川宜宾糟蛋最为著名。

鸡蛋不仅可以在浓盐酸中游泳，在其他的液体里它也一样可以游泳。

【实验用品】玻璃瓶 1 个（瓶口须比鸡蛋略小）、茶杯 2 个、碗 1 个，量筒 1 个、玻璃棒、6 摩/升盐酸、食醋、36% ~38% 盐酸、鲜鸡蛋 3 个。

【实验步骤】

1. 将鲜鸡蛋放入一杯醋中，浸泡 24 小时后，蛋壳慢慢变软，且有弹性（有时需换醋再泡一次），然后取玻璃瓶一个，将燃着的纸片投入瓶中，把瓶中空气排走一部分，并立即将软壳蛋直立在瓶口上，瓶内气体冷却后，压力减小，鸡蛋将被吸入瓶中，隔一两天后蛋壳又渐渐变硬，用玻璃棒轻捺蛋壳，便可感觉出来（鸡蛋入瓶）。

2. 将另一个鲜鸡蛋放入一杯水里，鸡蛋将沉到杯底。然后往茶杯里加入约 10 毫升的浓盐酸（加入的浓盐酸大约是清水体积的 1/20；如果用稀盐酸，可酌量多加一些）。用玻璃棒搅拌，不久，鸡蛋壳上慢慢地有气泡产生。这时鸡蛋便缓缓上升，并且还会上下浮沉（鸡蛋游泳）。

3. 将第三个鸡蛋放在一个装有盐酸（6 摩/升）的小碗里，不时转动鸡蛋，让蛋壳与盐酸充分作用。几分钟后，盐酸就会把蛋壳都溶解掉，使鸡蛋

变成一个很软的被一层薄膜包围起来的蛋白和蛋黄。小心地将碗里盐酸倒掉，碗内换进清水，反复清洗几次，直到把鸡蛋表面的盐酸和碗里残存的盐酸洗净为止。清洗后，在碗里倒满水，把这个柔软的鸡蛋泡在水中（注意水要把蛋盖没），你将会看到，鸡蛋在渐渐地肿胀。过一天以后，就会发现鸡蛋变大了（小蛋变大蛋）。

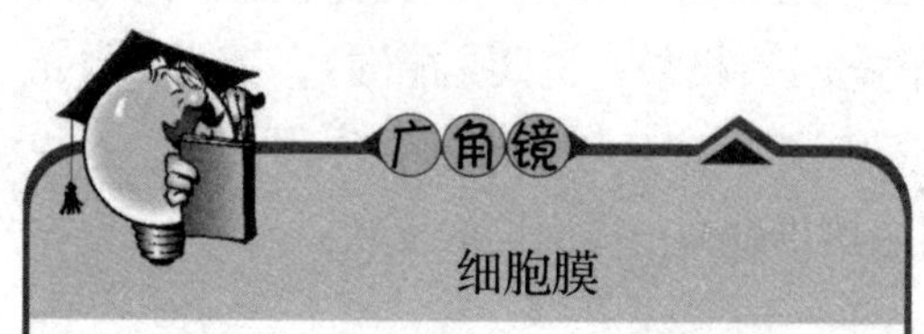

细胞膜

细胞膜，曾指质膜，现泛指细胞的各种膜，包括围绕细胞或细胞器的通透屏障，由磷脂双层和相关蛋白质以及胆固醇和糖脂组成。

【实验分析】

1. 碳酸钙是鸡蛋壳的主要成分之一，它可与酸作用：

$$CaCO_3 + 2HCl = CaCl_2 + H_2O + CO_2\uparrow$$

$$CaCO_3 + 2CH_3COOH = (CH_3COO)_2Ca + H_2O + CO_2\uparrow$$

细胞膜具有渗透作用，水可透过薄膜，而细胞液却不能透过薄膜。

2. 所用鸡蛋必须是新鲜的，不能用石灰或水玻璃处理过的鸡蛋，因处理过的蛋膜，已不起渗透的作用，小蛋不能变大蛋了。

3. 清洗软壳的鸡蛋时，一定要小心，不要把鸡蛋表面的薄膜弄破。

铜锈的克星

铜是最早被人类利用的金属，这是因为它的化学性质比较稳定，不容易和其他物质发生化学反应。反过来说，铜的化合物比较容易还原为金属的铜，所以炼铜一般要比炼铁容易一些。

硫化铜

硫化铜，黑褐色无定形粉末或粒状物。

铜虽然不易氧化，但在空气中时间久了，仍能氧化成一层铜的氧化物；在潮湿而且含有二氧化碳或硫化氢的空气中，也会生锈。铜锈的主要成分是绿色的碱式碳酸铜或黑色的氧化铜、硫化铜等。

铜　镜

铜锈可以用机械磨擦的方法来去除。古时候，铜镜变暗了，经常要打磨，就是这个道理。不过，磨擦太麻烦，而且会损害铜器的表面。简易可行的除锈办法，还是靠化学药剂来实现。例如，盐酸、醋酸等非氧化性的酸或氨水、铵盐的水溶液，这些药剂都只与铜锈反应，而不与铜发生反应，所以在去锈的时候，能够完全不伤害铜器。

取两块有锈的铜（如果铜片没有生锈，只要把它放在火焰上灼烧，那么在它的表面上就会生成一层铜的氧化物），其中一块用蘸有醋（或者在 2 毫升的水中加入 2 ~ 3 滴盐酸）的棉花擦洗，另一块用蘸有氨水（1 体积浓氨水用 2 体积水稀释）或硫酸铵溶液的棉花擦洗。不久，铜锈都从铜器表面上除去了，而棉花却沾上了蓝色。

铜锈去除的原因是由于铜锈与醋酸（或盐酸）发生反应，生成能溶于水的蓝色铜盐（醋酸铜或氯化铜）；而和氨水或硫酸铵的水溶液作用的时候，生成的是能溶于水的铜氨化合物，如碳酸铜氨、硫酸铜氨等。这些产物都被棉花揩抹去了，因此铜器重新露出光亮的表面。

如果在氨或铵盐的水溶液中掺进一些白垩粉或浮石粉，就可以提高氨或铵盐的除锈能力。因为加入这些粉末能增加机械磨擦的作用，有助于除去反应所生成的铜盐，使铜锈的内部充分暴露出来，保证了铜锈和氨水能完全地起反应，生成铜氨化合物。另外，粉末也有利于使铜器表面光滑明亮。

自然界的铜主要是以硫化铜和氧化铜的形式存在。绝大多数铜矿含铜量都在 2% 以下。由于铜矿含铜量低，往往造成冶炼上的麻烦，冶炼费用也必然

相应增高。后来人们发现，铜的化合物可以溶解在氨水里，而且铜矿中的杂质主要是铁的硫化物和氧化物，或者是硅、铝、钙等的氧化物，它们都是不溶于氨水的。因此，只要把铜矿粉浸在氨水中（为了防止氨变为气体逃逸，在氨水里还溶有二氧化碳，使一部分氨成为碳酸铵，减少氨水中的含氨量，使氨不易挥发），所得到的澄清液就是比较纯净的铜氨化合物溶液。然后将这个溶液送到蒸发锅去加热，铜氨化合物重新分解，放出氨气和二氧化碳，留在锅内的，便是纯度相当高的氧化铜。这种氧化铜再用炭来还原，便可得到金属铜。而分解出来的氨和二氧化碳还可以重新溶在水里循环使用，不会有很大损失。这种提炼方法非常适用于从贫矿中提炼铜，所以应用日渐广泛。

知识小链接

氨

氨，或称“氨气”，分子式为 NH_3，是一种无色气体，有强烈的刺激气味，极易溶于水，常温常压下 1 体积水可溶解 700 倍体积氨。氨对地球上的生物相当重要，它是所有食物和肥料的重要成分。

在地质条件和经济条件合适的情况下，只要钻一些深井直通铜矿，然后用一根管子把氨水灌进去，使氨水和铜矿发生反应，生成铜氨化合物的溶液，再从另一根管子流出来。因为这种方法不需要工人到地下采挖，能减轻劳动强度、改善劳动条件、节省开采费用，同时也有利于进行大规模的和连续的生产。

由于铜有较稳定的氧化性，因此我们可以通过铜的这一特性来测量空气中氧气的含量。

【实验用品】注射器（50 毫升）、酒精灯、玻璃管、橡皮管、细铜丝。

【实验步骤】

1. 把长约 2 厘米的一束细铜丝装进一根长 5 ~ 6 厘米的普通玻璃管中间，两端用两节橡皮管分别跟两只注射器（让一只注射器留出 50 毫升空气，另一只注射器不留空气）连接起来，使之成为一个密闭系统。推动注射器活塞，空气可以通过装铜丝的玻璃管在两只注射器间来回传送，不会泄漏。

2. 给装有细铜丝的玻璃管加热，待铜丝的温度升高以后，交替地缓缓推动两只注射器的活塞，使空气在热的铜丝上来回流动。经过 5 ~ 6 次来回，空气里的氧气就可以全部与铜化合。

3. 停止加热，冷至室温，读出残留在注射器里的气体体积，减少的体积即为 50 毫升空气中所含氧气的体积。由此可以推算出空气中氧气的体积百分比。

【实验分析】

1. 注射器不宜太小。注射器内留的空气亦不宜太少。空气留得多，体积变化量大，用于教学演示时的能见度大，使教室后排的学生都容易看清楚。

2. 经过实验，玻璃管里的铜丝已被氧化，最好更换新铜丝，也可取出，将黑色铜丝放在酒精灯上烧呈红热，即刻投入少量酒精中，使之还原为紫红色铜丝再用。

触类旁通，给大家介绍另一种日常生活中常见的金属——铁，在空气中如何被氧化生锈的实验，并且利用这一性质，在空气中测量氧气的含量。

【实验用品】小试管、带有细玻璃导管的橡皮塞、250 毫升广口瓶、新制铁屑少许、水。

【实验步骤】

1. 把少量用水（水中可加一些醋酸）浸湿的铁屑放在一个小试管内，用带有细玻璃导管的橡皮塞塞紧，把露在试管外面的细玻璃管插入盛水的广口瓶中。

2. 每天观察铁屑表面生锈的情况及水面逐渐上升的高度。

【实验分析】

1. 在充满空气的密闭容器中，铁生锈时要消耗氧气，使密闭容器内气体压强低于容器外的大气压强，水即被吸入容器。根据流进容器内的水的体积，可测定空气中氧气的含量。

醋酸

醋酸又称乙酸，广泛存在于自然界。它是一种有机化合物，是典型的脂肪酸，被公认为食醋内酸味及刺激性气味的来源。在家庭中，乙酸稀溶液常被用作除垢剂。

2. 本实验所需时间较长，铁屑生锈大约在 2 ~ 3 天后可能出现，氧气绝大部分被消耗则需更长时间。

3. 单孔橡皮塞上的玻璃导管的内径越细越好，露出广口瓶波面之外的部分越短越好。

4. 橡皮塞一定要塞紧，装置的气密性好坏是实验成败的关键。

5. 铁屑应先分别用碱、酸液除去表面的油和锈。

6. 水中加些醋酸，使水中 H^+ 增多，铁屑表面形成一层电解质溶液的薄膜，会促进铁屑被腐蚀。

7. 如果先用稀硫酸或稀盐酸洗净铁屑表面的铁锈后，再用浓食盐水泡浸处理，由于氯离子的作用，将会加速铁的缓慢氧化速度。

基本小知识

腐蚀

腐蚀是一种金属与环境之间的物理－化学的相互作用，其结果使金属的性能发生变化，并可导致金属、环境或由它们组成的体系的功能受到损伤。

气体不能承受之轻

气体可以流动，可变形。假如没有限制（容器或力场）的话，它可以扩散，其体积不受限制。气态物质的原子或分子相互之间可以自由运动。气态物质的原子或分子的动能比较高。气体形态可受其体积、温度和其压强影响。这几项要素构成了多项气体定律，而三者之间又可以互相影响。

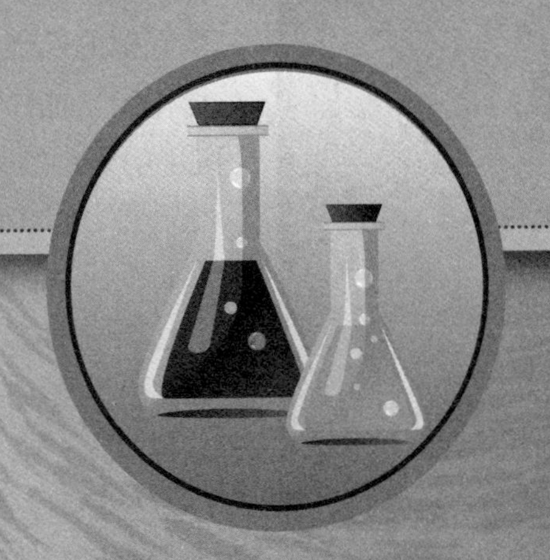

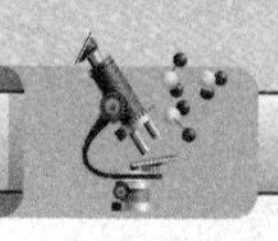

另类气球

在五彩缤纷的氢气球里面，充的是一种很轻的气体——氢气。因为氢气容易燃烧和爆炸，所以现在的专用气球，如某些探空用的气象气球，多半已经改充另一种较轻的且不会燃烧的氦气了。

基本小知识

氦气

氦气为无色无味，不可燃气体，空气中的含量约为百万分之五点二。化学性质完全不活泼，通常状态下不与其他元素或化合物结合。

以外，还有其他办法能使气球上升吗？

远在飞机发明以前，当时充氢气的气球还未问世，我国劳动人民就已经懂得热空气比冷空气轻的道理，并且创造出能自动腾空的纸灯——孔明灯。这种灯，实际上是一个充满热空气的大纸袋，而热空气是利用安置在灯内底部的燃烧物（吸饱油脂之类的棉花团）加热产生的。只要点燃可燃物，灯内的空气受热变轻，使整个纸灯的比重减小，等到重力比浮力小时，纸灯就徐徐上升。

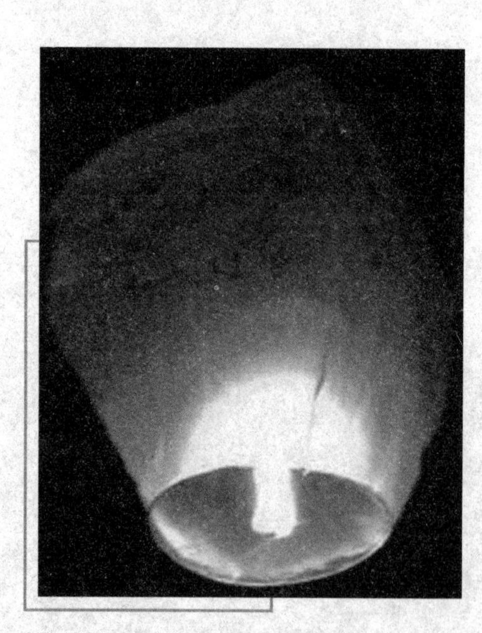

孔明灯

这里向大家介绍的是一个既不用氢气，也不用热空气，却能使气球上升的实验。

把一个吹足气的小气球放在一只较大的缸（如大金鱼缸）里，气球就沉在缸底。另外在一个细口瓶中放进十几粒像蚕豆大小的大理石，再注入浓度约10%的稀盐酸（足以浸没大理石即可）。用装有弯玻璃管的软木塞塞紧瓶口，使生成的二氧化碳气体通过弯玻璃管进入到缸里。随着二氧化碳气体的通入，原来沉在缸底的小气球，便缓缓上升，最后静静地浮在半缸中不动，宛如皮球浮在水面那样。

充氢气或热空气的气球能在天空中冉冉上升，是因为氢气和热空气的比重比空气小。那么，充满空气的气球又为什么能浮在二氧化碳气体中呢？原理是一样的，这是因为空气的比重比二氧化碳的比重小的缘故。在这里，气球内的空气加上气球胶囊的重量，等于气球所排开的二氧化碳气体的重量。换句话说，就是因为气球所得到的浮力，和气球总的重量（也是重力）相同，所以它能像船浮在水上一样，浮在二氧化碳上。由于二氧化碳和空气都是透明的，所以看起来好像悬浮在缸中。

七彩气球

这个实验也可以这样进行：

用一支玻璃管或小竹管（麦秆也成），沾上一些肥皂水，然后吹成肥皂泡。通常，由于肥皂泡比空气重，所以肥皂泡离开了玻璃管后不久，就会受到重力作用一直往下沉。如果把肥皂泡吹在盛满二氧化碳气体的缸中，这时，它就不会下沉，而是悬在缸的半空。这和气球浮在缸中的道理一样。

这个实验证明，不仅水、油等液体具有浮力，而且气体也是具有浮力的。我们生活在充满了空气的地球上，时刻都受到空气浮力的作用，只不过因为地球对我们的引力（重力）大大超过了浮力，所以我们才感觉不出来。

这个实验还可以这样进行：

瓶内吹气球

【实验用品】大口玻璃瓶、气球两个、红色和绿色吸管各一根、气筒。

【实验步骤】

1. 用改锥事先在瓶盖上打两个孔，在孔上插上两根吸管：红色和绿色。

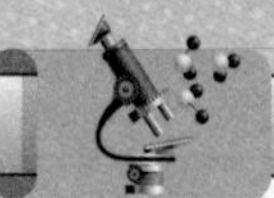

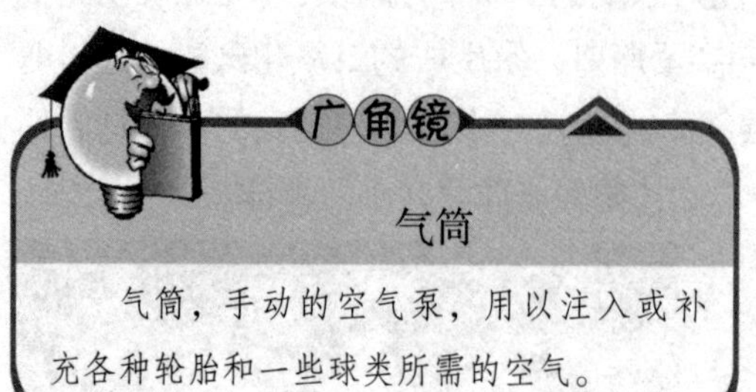

气筒

气筒，手动的空气泵，用以注入或补充各种轮胎和一些球类所需的空气。

2. 在红色的吸管上扎上一个气球。

3. 将瓶盖盖在瓶口上。

4. 用气筒打红吸管处将气球打大。

5. 将红色吸管放开气球立刻变小。

6. 用气筒再打红吸管处将气球打大。

7. 迅速捏紧红吸管和绿吸管两个管口。

8. 放开红色吸管口，气球没有变小。

【实验分析】这是因为：当红色吸管松开时，由于气球的橡皮膜收缩，气球也开始收缩。可是气球体积缩小后，瓶内其他部分的空气体积就扩大了，而绿管是封闭的，结果瓶内空气压力要降低——甚至低于气球内的压力，这时气球不会再继续缩小了。

能抓住气球的杯子

【实验用品】气球 1 ~2 个、塑料杯 1 ~2 个、暖水瓶 1 个、热水少许。

【实验步骤】

1. 对气球吹气并且绑好。

2. 将热水（约 70℃）倒入杯中约多半杯。

3. 热水在杯中停留 20 秒后，把水倒出来。

4. 立即将杯口紧密地倒扣在气球上。

5. 轻轻把杯子连同气球一块提起。

【实验分析】

1. 杯子直接倒扣在气球上，是无法把气球吸起来的。

2. 用热水处理过的杯子，因为杯子内的空气渐渐冷却，压力变小，因此可以把气球吸起来。

纸蝶飞舞

花丛边翩翩起舞的蝴蝶非常漂亮，那么，我们能拥有几只专门为自己跳舞的蝴蝶吗？答案是肯定的。

在干净的广口瓶里，盛入半瓶水，瓶口塞上一个有小孔的软木塞，孔里插上一个玻璃漏斗。漏斗管放得高一些，不要和水面接触。

蝴　蝶

用彩色纸剪成两三只小蝴蝶，再用软木做两三个直径略大于漏斗管孔径的小球，然后在每只蝴蝶的中心粘上一个软木小球待用。

拔下瓶塞，用小羹匙舀取酒石酸粉末和碳酸氢钠（俗名小苏打）粉末各半匙倒入瓶中，并把瓶塞塞紧。此时，水中立即产生气泡。这是酒石酸和碳酸氢钠作用所放出的二氧化碳气体，放出二氧化碳的速度不急也不缓，相当均匀。这时，立刻把纸蝶放在漏斗里，就可以看到纸蝶栩栩如生地飞舞起来。这是瓶中的二氧化碳气流冲击纸蝶的结果。

基本小知识

酒石酸

酒石酸，即2，3－二羟基丁二酸，是一种羧酸，存在于多种植物中，如葡萄和罗望子，也是葡萄酒中主要的有机酸之一，作为食品中添加的抗氧化剂，可以使食物具有酸味。

在这些纸蝴蝶中，总有一只因为受到重力的作用而先下滑，这时粘附在这只纸蝶上的软木小球就把漏斗孔盖住，使瓶内发生的二氧化碳气体一时跑不出来。但是经过几秒钟以后，瓶内的气体积聚多了，压力越来越大，终于把盖住漏斗孔的小球冲开，于是纸蝶就宛如真蝴蝶那样向上飞舞。随后，粘附在另一只纸蝶上的小球（也可能仍旧是原来的那只），又落在漏斗孔上，再次阻住气体的逸出。当瓶内的气体再增多时，又会把这只纸蝶推开。这样，一次、二次……反复地进行，纸蝶在漏斗里忽上忽下不停地运动，看起来就十分像是活蝴蝶在翩翩起舞了。

看来二氧化碳真是无处不在，而且“神通广大”。那么，怎么制取二氧化碳？二氧化碳还有哪些存在的形式呢？

实验室制造二氧化碳：

$2HCl + CaCO_3 = CaCl_2 + H_2O + CO_2\uparrow$

由于碳酸很不稳定，容易分解：

$H_2CO_3 = H_2O + CO_2\uparrow$

所以 $2HCl + CaCO_3 = CaCl_2 + H_2O + CO_2\uparrow$

二氧化碳能溶于水，形成碳酸：

$CO_2 + H_2O = H_2CO_3$

向澄清的石灰水加入二氧化碳，会形成白色的碳酸钙：

$CO_2 + Ca(OH)_2 = CaCO_3\downarrow + H_2O$

如果二氧化碳过量会有：

$CaCO_3 + CO_2 + H_2O = Ca(HCO_3)_2$

二氧化碳会使烧碱变质：

$2NaOH + CO_2 = Na_2CO_3 + H_2O$

工业制法：高温煅烧石灰石

$CaCO_3 \xlongequal{高温} CaO + CO_2\uparrow$

二氧化碳还有哪些性质呢？接下来这个实验就是介绍二氧化碳性质的简易实验。

【实验用品】启普发生器、4 个小试管、4 个带导管的双孔橡皮塞 、药匙、石灰石、苯酚、石蕊试液、澄清石灰水、2 摩尔/升氢氧化钠溶液、0.5 摩尔/升氯化铝溶液、6 摩尔/升盐酸。

【实验分析】

把装置连接好，打开启普发生器的活塞，将产生的二氧化碳气体，依次通入试管（1）的0.5摩/升氯化铝流液、（2）的澄清石灰水、（3）的2摩尔/升氢氧化钠溶液、（4）的石蕊试液中，可以观察到：

石蕊

石蕊（litmus）的性状为蓝紫色粉末，是从地衣植物中提取得到的蓝色色素，能部分地溶于水而显紫色；是一种常用的酸碱指示剂，变色范围是pH = 5.0－8.0之间；是一种弱的有机酸，相对分子质量为3300，在酸碱溶液的不同作用下，发生共轭结构的改变而变色。

试管（1）溶液逐渐生成白色胶状氢氧化铝沉淀。

试管（2）溶液逐渐浑浊。

试管（3）溶液逐渐生成白色碳酸钙沉淀，继续通入二氧化碳又逐渐变澄清。

试管（4）溶液由紫色变成红色。

【实验分析】

1. 装置一定要严密，不能漏气。

2. 本实验使用的二氧化碳发生器除启普发生器外，还可以用分液漏斗和烧瓶组成的发生器，二氧化碳气流要大一些，否则达不到后边的试管。

准备好的试管

3. 苯酚钠溶液的制备方法是：取3毫升水，加入约1/4药匙苯酚晶体。加热使之溶解，冷却后苯酚又析出，再滴入氢氧化钠溶液，直到加入最后一滴氢氧化钠溶液恰好使溶液澄清时为止，碱也不可过量。

4. 苯酚对皮肤有强烈的腐蚀性，使用时应小心，如不慎沾到皮肤上，应立即用酒精擦拭。

5. 偏铝酸钠溶液的制备方法是：取2毫升氯化铝溶液，滴加氢氧化钠

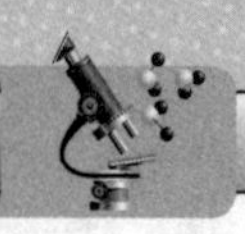

溶液，生成白色胶状沉淀，继续滴加，直到加入最后一滴溶液恰好变澄清（边加边振荡）时为止。注意碱液不可过量太多，否则不易出现沉淀。

在日常生活中，人们时时刻刻都在跟二氧化碳打交道。人类在享受着二氧化碳带来的便利和益处的同时，也在遭受着二氧化碳带来的危害。

现在地球上气温越来越高，全球气候变暖主要是因为二氧化碳增多造成的。因为二氧化碳具有保温的作用，现在这支小部队的成员越来越多，使温度升高，近100年来，全球气温升高0.6℃，照这样下去，预计到21世纪中叶，全球气温将升高1.5℃～4.5℃。

海平面升高，也是二氧化碳增多造成的，近100年来，海平面上升14厘米；到21世纪中叶，海平面将会上升25～140厘米。海平面的上升，亚马孙雨林将会消失，两极海洋的冰块也将融化。所有这些变化对野生动物而言无异于灭顶之灾。

所以，平时我们的所作所为应该注意到这点，注重环保，让二氧化碳更好地为人类服务，而不是带给人类灾难。

汽水DIY

盛夏酷暑，人们出汗较多。特别是在高温条件下从事体力劳动的人，出汗更多。如不采取必要的降温措施，就有可能引起高温中暑。因此，一方面要考虑防暑降温设备、改进劳动条件和各项保健措施，另一方面还必须适时地、大量地供应含盐的清凉饮料，以补充体内损失的水分和盐分。盐汽水是其中比较理想的一种。

自制汽水

汽水可以消暑，主要的原因是它溶解有大量二氧化碳气体。汽水进入胃里，吸收了热量，二氧化碳从汽水中解析出来，并从口腔排出到体外，所以饮后令人感到清凉。

知识小链接

汽水

汽水，泛指碳酸饮料汽水，是英国化学家及牧师卜利士力（Joseph Priestly，1733－1804）发明的，他比较为人所知的是发现氧气（另外有一个说法是一个叫马和的中国人发现的）。汽水其实只是一瓶二氧化碳的水溶液（另外有糖和香料、咖啡因），把大约2～3大气压的二氧化碳密封在糖水里，就会有部分的二氧化碳气体溶解在水中，二氧化碳在水中就形成碳酸，汽水给人的那种刺激味道就是因为碳酸的缘故。

要想自己做一瓶汽水，手续也不复杂。先找一只干净的汽水瓶，把冷开水注入瓶中，不要太满，加入适量的砂糖。然后放入1～5克小苏打（即碳酸氢钠），最后投入1.5克柠檬酸（或酒石酸），立即用塞子塞紧瓶口，并且用绳或铅丝把塞子扎紧，不让汽水冲出。

轻轻摇动瓶子，瓶子里就产生了大量的气泡，并且不断地上下翻滚着。因为瓶子塞得很紧，气体是无法逸出的。大约经过20分钟以后，自制的汽水便可以饮用了。如果预先在水中再加入一些果汁，它的味道还要好一些。

瓶里翻腾着的气泡是什么呢？原来它就是由小苏打和柠檬酸作用生成的二氧化碳气体。

汽水瓶能容纳的二氧化碳气体相当多。原因在于二氧化碳气体能溶解在水里，并且它的溶解量总是随着压力的增大而增加的。由于汽水瓶盖得很紧，瓶子又非常厚实，可以承受比较大的压力。当产生的二氧化碳无处散走，并且越来越多时，瓶内的压力也越来越大。在这样大的压力下，二氧化碳只好乖乖地溶解在溶液里。但是，溶解在水里的二氧化碳并不是安分的，一旦压力降低，它就会重新跑出来。所以，在打开瓶盖的时候，总是有大量气体和泡沫喷出来。

不过，有什么证据说明压力越大，二氧化碳溶解就越多呢？有的，饮用汽水时，就已经说明了这个问题：打开汽水瓶盖的时候，立即会有大量气体

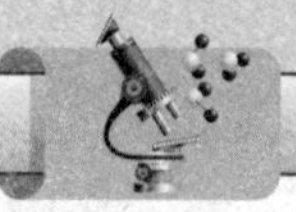

和泡沫喷出，这就是瓶内压力降低到常压，二氧化碳的溶解度也下降，过剩的气体立即逸出来了。

下面的实验，更是一个有力的证明。

【实验用品】厚壁无色细口瓶、橡皮塞、烧杯、玻璃棒、碳酸氢钠、柠檬酸（或酒石酸）、白糖。

【实验步骤】

在烧杯中放1克碳酸氢钠，加200毫升水搅拌使之溶解，然后倒入细口瓶中，再放入1克柠檬酸晶体，用橡皮塞塞紧瓶口。振荡，当溶液澄清后打开瓶塞，可见到有大量气泡自液体中逸出。

【实验分析】

1. 柠檬酸又叫2-羟基丙烷-1，2，3-三羧酸，分子式为 $C_6H_8O_7$，属于羟基羧酸，具有酸性，所以它能和碳酸氢钠反应生成二氧化碳。汽水中的气泡就是这两种物质反应产生的。当打开瓶盖时，瓶内压强减小，二氧化碳在水中的溶解度减小而从溶液中逸出。柠檬酸用于制造饮料，印染工业上作媒染剂，也是制药工业上的重要原料。天然柠檬汁中含有6%~10%的柠檬酸，所以可由柠檬中提取柠檬酸，工业上由蔗糖、甘薯等用柠檬酸酶发酵而得。

汽　水

基本小知识

发酵

发酵是细菌和酵母等微生物在无氧条件下，酶促进降解糖分子产生能量的过程。

2. 下面是一个自制清凉饮料的配方。

水：1000 毫升

商品鲜橘汁：50 毫升

柠檬酸：6 克

小苏打：6 克

白糖：50 克

配制方法：用 1/3 量（约 300 毫升）的水溶解小苏打，其余物质都溶解在剩余的水里（约 700 毫升）。然后把两者混合，放置数分钟即得适口的橘子汽水。

当汽水瓶里的气泡逸出了，液体又恢复平静的时候。如果对着汽水瓶口用力吮吸，平静的液面又将继续翻腾起来。这也是因为用力吮吸时，瓶内压力继续降低到常压以下，二氧化碳的溶解度又减少了。因此，多余的气体便冒出来。同时，二氧化碳在水中的溶解度也随温度的下降而增多，所以喝冰冻汽水，更感解渴。

在制备汽水时加入的果汁、砂糖等，只是调味罢了，它们并不起什么化学变化。

从实验中可以知道，汽水里的气泡是由柠檬酸和小苏打作用生成的，为了保证安全，绝对不允许随便把它们的用量增加。所选用的瓶，也必须要厚实些的，不能用一般的药水瓶、酱油瓶等质量不好的玻璃瓶。

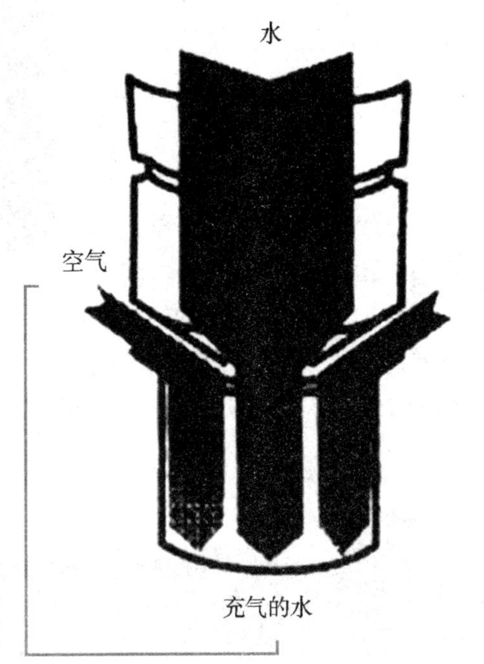

汽水原理

至于工厂里生产汽水，方法是：他们先制成二氧化碳，然后用压缩机使二氧化碳在加压的情况下溶解在预先配好的果汁水中。

气体在加压、冷却的时候可以大量溶解，在降压、加热的时候又放出所溶解的气体的这种性质，在工业上广泛用来提纯气体。拿二氧化碳的生产来讲，它多半是从其他生产的副产品中得到的，因此二氧化碳多半不纯，总是混有空气或其他气体。如果在加压的情况下，使二氧化碳在吸收塔中用水淋洗，二氧化碳便溶在水中，而与不溶于水的其他气体分离。再将吸足二氧化碳的水降到常压，二氧化碳便从水中放出。因为这时没有混入其他气体，所以浓度很大。这种浓度很大的二氧化碳气体，可以用来生产干冰、尿素、碳酸氢铵、纯碱等化工产品。

可以倾倒的气体

日常生活经验告诉我们：液体可以任意倾倒或舀取。可是大家也许不知道，有些气体也可以像液体一样倾倒和舀取哩！

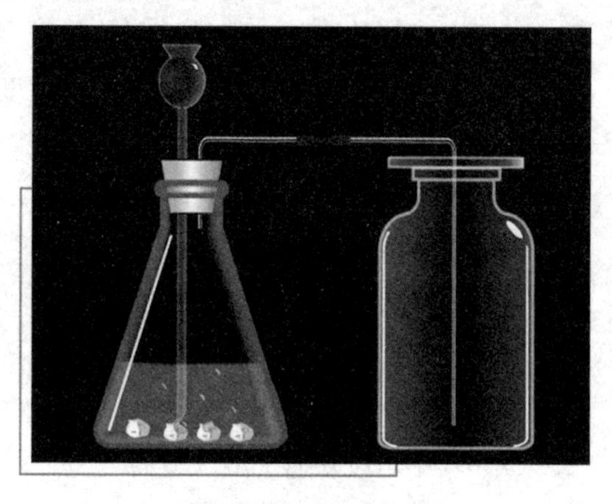

制取二氧化碳装备

在一个细口瓶中放十几粒大理石（它的主要成分是碳酸钙），再加一些浓度在10%左右的稀盐酸（足够浸没大理石即可），瓶里就有二氧化碳气泡产生。用一个附有弯玻璃管的软木塞塞紧瓶口，通过玻璃管把二氧化碳气体收集在大茶杯里。气体是否集满，可以用一根点燃着的火柴放在茶杯口试一下，如果火柴熄灭了，说明二氧化碳气体已经集满。然后最好用一块硬纸板或玻片把茶杯盖住。

另外准备1个茶杯，茶杯里放一根点燃的小蜡烛，然后把收集在茶杯里的二氧化碳像倒水那样倒到茶杯中，可以看到杯里的

广角镜

气体

气体是指没有固定形状、固定体积的可变形、可流动的流体。

烛火慢慢地熄灭了。

这个实验还可以这样做：

在一只茶杯中点着一支小蜡烛，取一个直径比较大的漏斗。通过漏斗将二氧化碳气体倒进茶杯里，也可以看到火焰逐渐熄灭。

如果你有兴趣的话，还可以拿一只小茶杯或者较深的酒盅从盛满二氧化碳气体的大茶杯中舀取一杯，然后倾倒在烛焰上，火焰也会熄灭。

酒精灯火焰

二氧化碳之所以能倾倒，主要是因为二氧化碳的密度为 1977 千克/毫升，比空气重 1.53 倍。因此，在上述的两个实验中，二氧化碳可以像液体一样在空气里从一个容器里倒入另一个容器里。在倾倒的过程中，二氧化碳会慢慢地处于空气的下方，覆盖到烛火的上方，使得烛火与空气隔绝，直至烛火慢慢熄灭。

二氧化碳可以用来灭火，因为它是不能燃烧也不能支持燃烧的气体，同时它的比重比空气大得多，容易下沉而浮罩在燃烧着的物体上，使空气和燃烧物隔离。实验里的蜡烛，就是由于缺少了空气，不能继续燃烧而熄灭的。

二氧化碳可以说是无处不在。有的时候，你能感觉的到它的存在；而有的时候，它可以在不知不觉中，要了你的性命。

在一些山洞、深井或地窖里，也有不少的二氧化碳气体存在，人们误入其中，特别是弯下身或蹲下来时，便有窒息而死的可能。

我们可以做出这么个假设，如果空气是完全静止的，那么处于底层的绝对是高密度的气体，包括二氧化碳。但实际空气是流动的，所以大致是均匀分布的。曾经在南美洲的一个山谷中出现这样的事情，小动物进去就死掉。科学家研究发现，山谷地形特殊，空气流动性差，处于山谷底部 20 厘米左右的空间内，二氧化碳浓度非常高，人走进去，没有太大问题，小动物全部浸没在二氧化碳中，走不了两步就会因为窒息而死亡。

关于如何探测深井等地方里是否存在着二氧化碳，我国古代的劳动人民积累了丰富的经验。譬如往井内丢一块小木片，如果木片下落很快，表明井中没有二氧化碳；如果木片下落很慢，证明井内一定有二氧化碳。因为二氧化碳比空气重，浮力也相应的大些，所以木片下落就比较慢。再如进山洞或地窖的时候，最好点一根火把或者蜡烛。如果火把或者蜡烛熄灭了，说明里面有大量的二氧化碳，应设法把它驱走后，方才可以进去。

在以下生产过程中容易发生二氧化碳中毒：长期不开放的各种矿井、油井、船舱底部及水道等；利用植物发酵制糖、酿酒、用玉米制造丙酮等生产过程；在不通风的地窖和密闭的仓库中储藏水果、谷物等产生的高浓度二氧化碳；灌装及使用二氧化碳灭火器；亚弧焊作业等。二氧化碳急性中毒主要表现为昏迷、反射消失、瞳孔放大或缩小、大小便失禁、呕吐等，更严重者还可出现休克及呼吸停止等。如要进入含有高浓度二氧化碳的场所，应该先进行通风排气，通风管应该放到底层；或者戴上能供给新鲜空气或氧气的呼吸器，才能进入。

丙酮

丙酮，由乙酰乙酸脱羧生成的酮，是酮体的三个组成之一。

这些生活经验，大家应该牢记在心。在实践当中如果遇到类似的情况，我们就可以轻松应对，从容解决一些问题。其实，这也是我们爱化学、学习化学的主要原因之一。

灭火高手——二氧化碳

在日常生产和生活中往往出现失火的情况。失火就要及时抢救，但如果没有弄清起火原因，乱用灭火设备，可能会造成其他不必要的损失。所以，平时每个人都应懂得一点消防灭火知识。例如遇到油类起火，就不能用水来浇。大家知道，油比水轻得多，燃烧着的油不仅可以浮在水上继续燃烧，而且会使火焰随着水的流动而蔓延开来，故油类起火应该选用泡沫灭火器。泡沫灭火器为什么能扑灭油类的火焰呢？我们可以做个泡沫灭火的实验，看一看火是怎样被扑灭的。

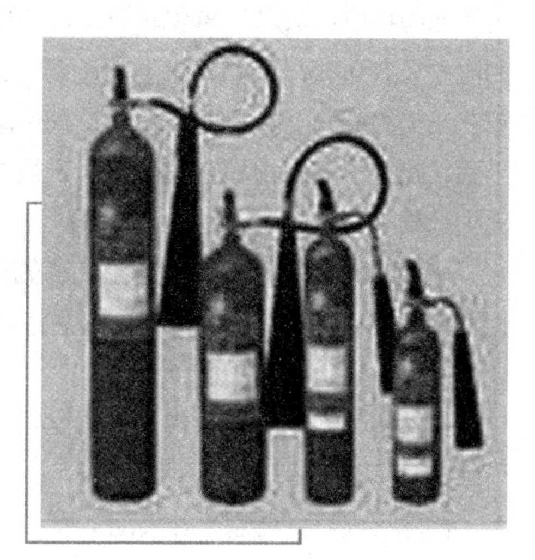

手提式灭火器

准备一个比较坚固的玻璃瓶和附有玻璃管的橡皮塞，玻璃管通过一小段橡皮管和另一尖嘴玻璃管连接。再把溶有小苏打和肥皂的溶液注入瓶中，约大半瓶。然后把装满明矾溶液的两支试管小心地放入瓶里（每支试管里插入一根适当长度的小竹筷，以免在瓶子翻转时把试管撞破）。最后塞上事前配好的塞子。

当倾倒瓶子时，两种溶液便相互混合并发生化学作用，产生了大量带有二氧化碳气体的泡沫。由于气体不断地增加，压力增大到一定程度的时候，就会把泡沫压出。只要用手压紧塞子，不使瓶塞松动，并控制好管口的尖嘴玻璃管，就可以使泡沫喷射到着火的地方，把火扑灭。

假如把泡沫液喷在一个盛有煤油的已经着火的铁罐中，火焰就会马上熄灭（为了避免发生危险，煤油应少些，薄薄地遮住罐底即可，而且要远离易燃物品）。

在这个实验里，因为明矾（含结晶水的硫酸钾和硫酸铝的复盐）和小苏打（碳酸氢钠）反应时，不但产生了大量的二氧化碳气体，而且还生成胶体状态的氢氧化铝。同时，溶液里还加有肥皂或肥皂粉等可以形成比较稳

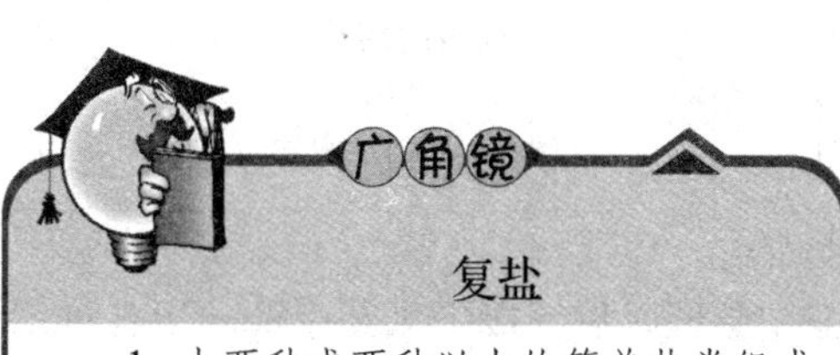

复盐

1. 由两种或两种以上的简单盐类组成的同晶型化合物，叫做复盐。复盐又叫重盐。复盐中含有大小相近、相同晶格的一些离子。2. 由一种酸根离子和两种或两种以上的金属阳离子组成的盐叫复盐。

定泡沫的物质。所以二氧化碳冒出时，便能产生大量不易破裂的气泡。泡沫的比重只有0.15~0.25，比油类还要轻，因此灭火器所形成的泡沫，总是浮罩在油类的液面上。由于充满了二氧化碳的泡沫像一张棉被那样覆盖在油类上面，隔绝了燃烧物和空气的接触，很快便把火闷熄了，所以它具有特殊的灭火效果。

一般的酸碱式灭火器虽然在二氧化碳气体冲出时也能产生一些泡沫，但这种泡沫十分容易破裂，并且还存在着大量的水，所以用它去扑灭油类着火，比用水去扑灭也好不了多少。

虽然实际使用的泡沫式灭火器比实验时的型式要完善得多，但原理却是一致的。

泡沫灭火器主要用于扑灭油类着火，对于电器或精密仪器着火，便不太适合，因为它喷射出来的泡沫是能导电的，容易把仪器损坏。要扑灭这类设备的着火，最好是用液体二氧化碳灭火器。二氧化碳在常温常压下本是气体，但在加压的条件下，可以成为液体。液体二氧化碳灭火器就是把液体二氧化碳储存在一个耐高压的钢筒里，使用时只需把阀门打开，液体的二氧化碳即因压强降低而变成气体，喷射到燃烧的物体上。二氧化碳气体比空气重，它可以覆盖在燃烧物上，把火灭掉。二氧化碳灭火器灭火时，不留下任何痕迹，不损坏仪器和文件。

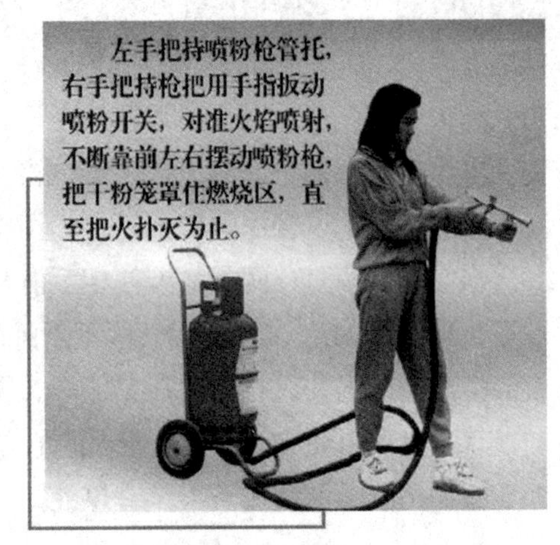

灭火器的使用

大家清楚了二氧化碳灭火器的工作原理以后，接下来要了解一下各种二氧化碳灭火器的使用方法。

灭火时只要将灭火器提到或扛到火场，在距燃烧物5米左右，放下灭火器拔出保险销，一手握住喇叭筒根部的手柄，另一只手紧握启闭阀的压把。对没有喷射软管的二氧化碳灭火器，应把喇叭筒往上扳70~90度。使用时，不能直接用手抓住喇叭筒外壁或金属连线管，防止手被冻伤。灭火时，当可

推车式灭火器

燃液体呈流淌状燃烧时，使用者将二氧化碳灭火剂的喷流由近而远向火焰喷射；如果可燃液体在容器内燃烧时，使用者应将喇叭筒提起，从容器的一侧上部向燃烧的容器中喷射，但不能将二氧化碳射流直接冲击可燃液面，以防止将可燃液体冲出容器而扩大火势，造成灭火困难。

推车式二氧化碳灭火器一般由两人操作，使用时两人一起将灭火器推或拉到燃烧处，在离燃烧物 10 米左右停下，一人快速取下喇叭筒并展开喷射软管后，握住喇叭筒根部的手柄，另一人快速按逆时针方向旋动手轮，并开到最大位置。灭火方法与手提式的方法一样。

使用二氧化碳灭火器时，在室外使用的，应选择在上风方向喷射；在室内窄小空间使用的，灭火后操作者应迅速离开，以防窒息。

降温它最行

烧开了的水，如果继续加热，它的温度就不再随着上升，只是不断地化为水蒸气。由此可见，液体在变成气体时是需要吸收热量的。同样道理，天热的时候，身上出了汗，如果用扇子扇风，一方面是由于空气的流动带走了一部分热量；另一方面在扇风的时候，液体状态的汗以较快的速度蒸发成气体，这

扇　子

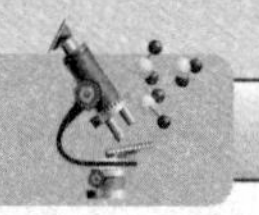

个蒸发的过程也像开水气化一样，消耗了身上的热量，所以就使人感到格外凉快。

从上面两个现象里，我们可以得到一个启发：加快液体变成气体的过程，将可以获得比较低的温度。我们也可以通过下面的实验更好地理解这个现象。

在一个烧杯（或薄壁的玻璃杯）中，注入约1/2体积的浓氨水。然后在小木块上滴上1~2滴水，把烧杯放在上面。最后，用一支长玻璃管插在氨水中吹气。不久，木块上的水便冻结成冰，把烧杯和木块冻结在一起，甚至把烧杯拿起来的时候，木块也不会脱落。

知识小链接

氨水

氨水，又称氢氧化铵、阿摩尼亚水，是氨气的水溶液，无色透明且具有刺激性气味，易挥发，具有部分碱的通性，由氨气通入水中制得，主要用作化肥。

氨水溶有大量的氨，当吹入的空气从氨水里冲出来的时候，便把溶解的氨带了出来。由于氨从液体变成气体时，消耗了大量的热，结果便使氨水的温度显著下降，把附近的水也冻结成冰了。这个实验最好在秋天或冬天进行，氨水的温度就可以很轻易地下降到0℃以下；如果在夏天进行，氨水的温度也可以降低20℃左右。

氨对眼睛有强烈的刺激作用，而且它的气味也很不好闻。因此，这个实验必须在通风的地方进行；吹气用的玻璃管也要长一些的，以减轻氨气对人的刺激。

电影院、会场的冷气、冷饮店里的冰箱以及在大暑天依然是“冰冻三尺”的冷藏库等，都是根据这个原理来获得低温和人造冰的。不过，因为要把液体气化后的气体回收并重新使用，所以它们的致冷过程比较复杂。在这些设备里，为了便于回收和循环使用，实际上都是采用液态的氨或氟氯甲烷作制冷剂，而不采用氨水。

氨或氟氯甲烷在加压的情况下很容易变成液体，而在常压下却是气体。只要把加压下的氨或氟氯甲烷液体送到体积比较大的冷冻管，这时由于压强骤然降低了，液体就会在冷冻管内迅速气化，从而获得了低温。冷冻管外流动的盐水（冰点较低，不易结冰），将受到管内低温的影响，温度很快便降到0℃以下。这个冷盐水如流经清水槽的外壁，清水便冻结成冰；冷盐水如流经冷气管，便使管外的空气冷却，把冷空气送进房间里，房间就十分凉爽。在冷冻管内气化生成的气体氨或氟氯甲烷，再经过压缩机加压，又可变成液体。不过，它还不能马上使用，因为气体液化成液体时正好和液体变成气体的过程相反，倒是要放热的。所以，压缩后的液体，由于温度较高，需用冷水在液化管外喷淋冷却，然后才能重新送到冷冻管气化制冷。

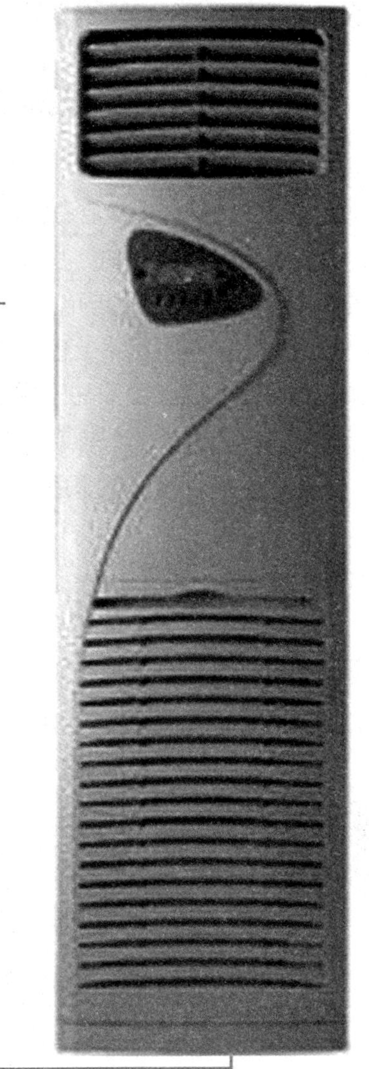

空调制冷

人们在炎炎夏日里可以在空调屋里避暑，可以吃着冰箱里冰镇凉爽的食物或饮料。这些都是人们通过氨制冷技术而得到的便利和好处。然而，正是因为人类过度地使用一些制冷设备，其产生的环境方面的不良影响程度也是与日俱增，而这些影响给人们带来的危害让人们惊慌失措但又无可奈何。希望在未来，人们可以把这些化学物质的优点发挥到最大，而降低它们对人类的伤害。

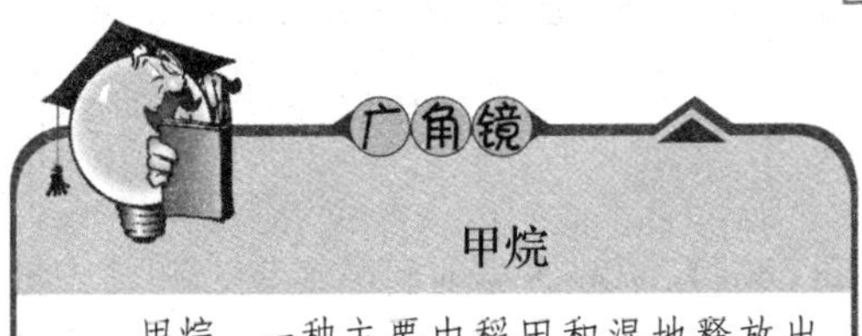

甲烷

甲烷，一种主要由稻田和湿地释放出来的温室气体。

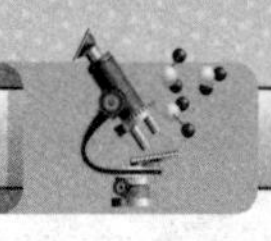

漂白而不伤害

新的草帽为什么那样洁白？时间一久，为什么又会变黄？

这些都是由于“漂白”引起的。漂白就是用药品把有色物质的颜色除掉的过程。具有漂白作用的药剂很多，但是实际上能用来漂白花、草、纤维的却比较少。因为除了要求这些药剂价格低廉和使用方便以外，还要求它们在改变色素成为无色（或浅色）的漂白过程中，没有伤害花草等其他成份的作用。

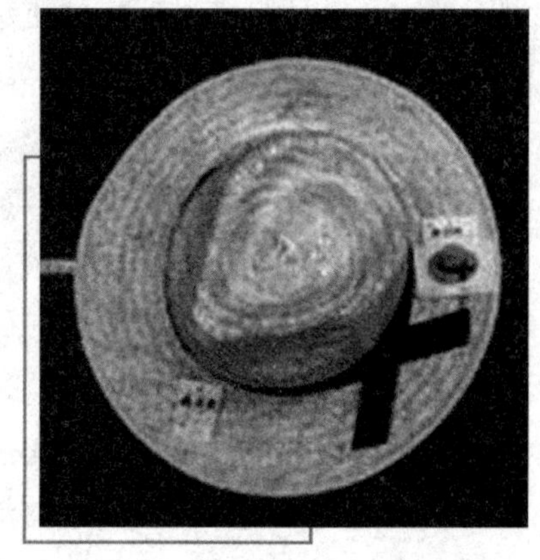

草　帽

漂白草帽、羊毛、蚕丝等使用得比较普遍的药品，主要是二氧化硫。因为二氧化硫在漂白的时候，不像漂白粉、氯气等漂白剂那样会损害材料的组织。

基本小知识

漂白剂

漂白剂是破坏、抑制食品的发色因素，使其褪色或使食品免于褐变的物质。一些化学物品透过氧化反应以达到漂白物品的功用，而把一些物品漂白即把它的颜色去除或变淡。常用的化学漂白剂通常分为两类：氯漂白剂及氧漂白剂。

为什么二氧化硫既有漂白作用，又有不损坏材料的良好性能呢？让我们先来做一个实验。

在一只广口瓶（如盛奶粉用的玻璃瓶）中放5克亚硫酸氢钠，并用少量水润湿它，再向瓶中加入20毫升稀硫酸（浓度为10%）。这时，加入的硫酸即与亚硫酸氢钠发生反应，生成二氧化硫。接着，迅速地把一朵预先用水润湿的红花悬挂在瓶内，轻轻放上盖子，但不要盖得太紧。大约经过一小时光景，红花便完全变成白花了。

如果没有亚硫酸氢钠，可以用亚硫酸钠代替，不过要注意适量地多加一些硫酸，使生成二氧化硫的反应进行完全。二氧化硫是一种有刺激气味的气体，稍有毒性，所以实验最好在室外或通风处进行。

二氧化硫很容易溶于水成为亚硫酸。亚硫酸具有一种特性，即它能和许多种色素化合起来，成为无色或浅色的新物质。但是，它不与花、草、蚕丝中的纤维素以及其他成分发生化学变化。所以，二氧化硫一方面具有漂白作用，同时又不会损害花朵等的组织。

但是，二氧化硫与各种色素反应后生成的新物质都是不大稳定的。它们经过长时间的日光曝晒，便又会使颜色复原。白草帽的原料多半是带有黄色的金丝草、麦秆之类，它们都是用二氧化硫来漂白的，所以新的草帽十分洁白，但使用日久以后，却又慢慢变黄了。

让我们正式地认识一下二氧化硫。

二氧化硫（SO_2）是最常见的硫氧化物，无色气体，有强烈刺激性气味，大气主要污染物之一。火山爆发时会喷出该气体，在许多工业过程中也会产生二氧化硫。由于煤和石油通常都含有硫化合物，因此燃烧时会生成二氧化硫。当二氧化硫溶于水中，会形成亚硫酸（酸雨的主要成分）。若把 SO_2 进一步氧化，通常在催化剂如二氧化氮的存在下，便会生成硫酸。这就是对使用这些燃料作为能源的环境效果的担心的原因之一。

当然，二氧化硫还是被人们用在一些工业制造等行业和生活实践中。除了上述讲到的被用于制作漂白剂之外，还有其他的用途。

◎防腐剂

由于二氧化硫的抗菌性质，它有时用作干杏和其他干果的防腐剂，用来保持水果的外表，并防止腐烂。二氧化硫的存在，可以使水果有一种特殊的化学味道。

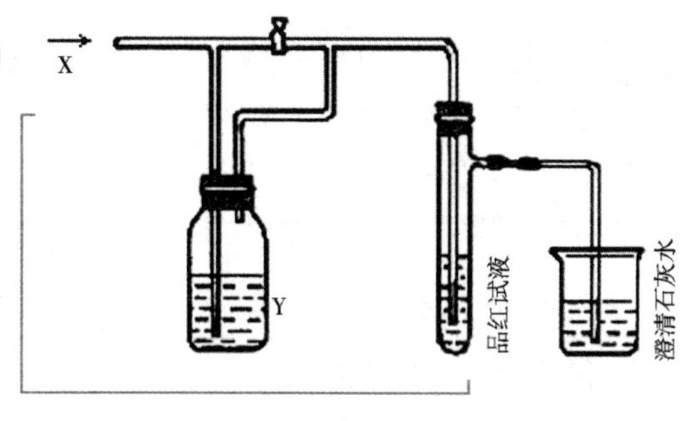

实验装备

◎酿 酒

二氧化硫是酿酒时非常有用的化合物，它甚至在所谓的“无硫的”酒中也存在，浓度可达每升 10 毫克。它作为抗生素和抗氧化剂，可以防止酒遭到细菌的损坏和氧化。它也帮助把挥发性酸度保持在想要的程度。酒的标签上之所以有“含有亚硫酸盐”等字句，就是因为二氧化硫。根据美国和欧盟的法律，如果酒中 SO_2 浓度低于 10ppm（百万分比浓度），则不需要标示“含有亚硫酸盐”。酒中允许的 SO_2 浓度的上限在美国为 350ppm；而在欧盟，红酒为 160 ppm，白酒为 210 ppm。如果 SO_2 的浓度很低，那么便很难探测到，但当浓度大于 50ppm 时，用鼻子就能闻出 SO_2 的气味，用舌头也能品尝出来。

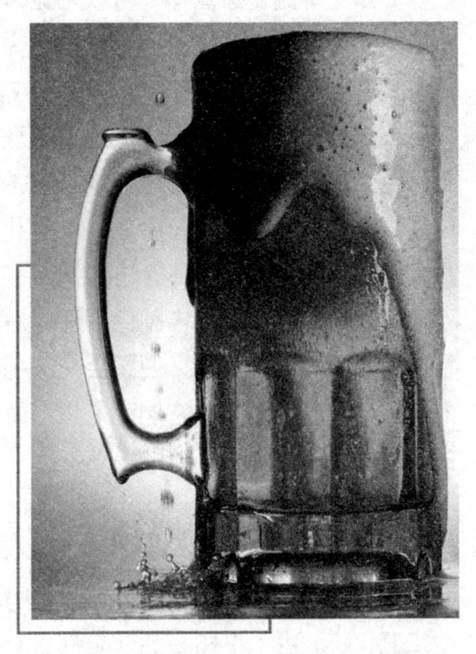

啤 酒

二氧化硫还是酿酒厂卫生的很重要的要素。酿酒厂和设备必须保持十分清洁，且因为漂白剂不能用于酿酒厂中，二氧化硫、水和柠檬酸的混合物通常用来清洁水管、水槽和其他设备，以保持清洁和没有细菌。

广角镜

柠檬酸

柠檬酸是三羧酸循环中从草酰乙酸与乙酰辅酶 A 首先合成的三羧酸化合物。

二氧化硫就像一把双刃剑，有对人类生活有利的一方面，也有对人类不利的地方。因此，我们在学习和使用二氧化硫过程中要慎重。

用化学诠释生活

生活中有很多有趣的生活现象，通过化学实验我们可以让小木炭跳舞；让白糖变“黑雪”；让石灰煮鸡蛋等等，化学可谓与生活紧密相连，化学能诠释的生活现象有很多很多。

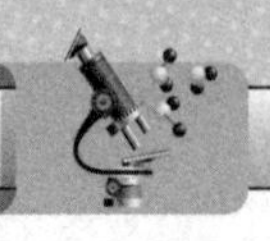

谁在支撑姹紫嫣红的烟火

节日的夜晚，为了欢度佳节，人们点放各种焰火，形式多样，颜色各异，五彩缤纷，光耀夺目，使节日增添了愉快而热烈的气氛。

烟 花

那么，焰火为什么会有各种各样的颜色呢？原来焰火的各种颜色是与焰火的组成中含有不同金属盐类有关。这些盐类的金属离子具有不同的结构和电子排列。在较高的温度下，金属离子的核外电子，各自在获得所需的能量后，能从原来的轨道跳到更远的轨道上，这种现象叫“激发”。当处于不同激发状态的电子恢复到原来状态时，就以不同波长的光波把能量放出。由于各种金属盐发射出来的光线的波长不同，所以光的颜色也不同。在可见光范围内，波长最长的是红光，其次是橙、黄、绿、青和蓝光，波长最短的是紫光。例如锶盐能发出红光，波长比较长；钠盐发出黄光，波长就比较短；钡盐发出绿光，波长更短；钾盐发出紫光比钡盐的波长还要短一些。焰火就是利用各种不同的金属盐类，在灼热时能发出不同颜色光芒的原理制成的。

知识小链接

金属盐

金属盐是指一类金属离子与酸根离子或非金属离子结合的化合物。

为了保证各种焰火既要容易着火，又要避免在制造时发生燃烧或者爆炸事故，所以必须在保持焰火干燥的同时，严格遵守正确的操作顺序：各种金属盐分别研成粉末后，再进行混合。如果混合后再研磨，摩擦所放出的热就可能使焰火着火燃烧，发生烧伤事故。

药料配制完毕，立即放在毛边纸或草纸上卷紧，然后用线扎牢，挂在细长的木棒或竹竿上。手持木棒，点燃纸卷下方。待研磨好的药料烧着时，便会发出各种色彩的灿烂光芒。

如果只用一组药料，配成的只是单色焰火。如根据需要选择各组单色焰火的药料进行混合，就能得到五彩绚丽的焰火。

在节日所见到的那种大型焰火，是由专门的发射装置将它送到空中去的。

各种金属盐类灼热时发出的光，不仅在制造瑰丽的焰火时要用到，人们还把它们装在子弹或炮弹里，制成红、绿、黄、白等颜色的信号弹。

在化学实验室里，人们还经常利用各种矿物灼烧时所发出的不同颜色的火焰，来判断矿石里到底含有些什么金属。

信号弹

【实验用品】氯酸钾、硫粉、木炭粉、硝酸锶、硝酸钡、镁粉、蔗糖、细铁粉、硝酸钠、浓硫酸。

【实验步骤】

1. 红色焰火的制作：氯酸钾 4 份、硫粉 11 份、木炭粉 2 份、硝酸锶 33 份，分别研碎混合后用纸卷紧，外边用麻线扎紧，装好点燃引线（引线用氯酸钾和白糖的混合物用薄绵纸卷成，放在上述混合物一端共同卷紧）。将卷好的焰火挂在木棍上，点燃即可显出红色焰火。

2. 绿色焰火的制作：氯酸钾 9 份、硫粉 10 份、硝酸钡 31 份，分别研碎按上述方法制成，点燃后可发出绿色火焰。

3. 蓝色焰火的制作：氯酸钾 7 份、硫粉 5 份、硝酸钾 7 份、蔗糖 2 份。分别研碎按上述方法制成，点燃后可发出蓝色火焰。

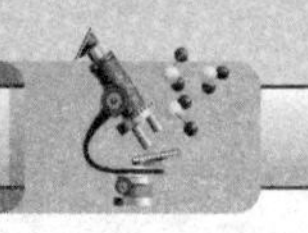

【实验分析】

1. 实验原理：Sr^{2+}的焰色反应为深红色。硫粉、木炭粉燃烧产生高温使氯酸钾分解产生氧气和二氧化碳，也使硝酸锶受热分解，发出深红色随气体喷射而形成红色火焰四处飞溅。

2. 注意事项：

（1）上述各种药品必须分开研碎。

（2）混合各药品时动作要轻，用纸卷紧时也必须小心。

（3）点燃时要注意附近不能有易燃物品。

“鬼火”的秘密

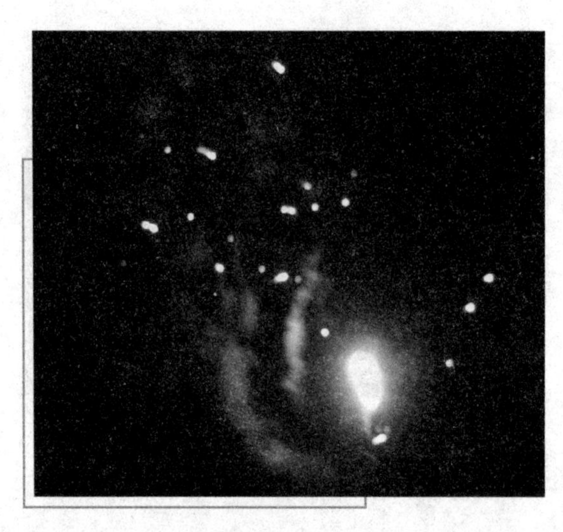

鬼 火

过去，在荒郊野外的坟堆附近，夜幕降临后，常会见到一些淡绿色的火光，随风飘浮，忽隐忽现。迷信者说：这是“鬼火”。

其实，“鬼”当然是没有的，而火却是真的。那么，这火是从哪里来的呢？

原来，“鬼火”实际上就是磷火，是埋在土壤里的尸体，在腐烂过程中发生了复杂的化学反应，生成了一种叫磷化氢（PH_3）的物质。磷化氢中还混杂有微量的四氢化磷（P_2H_4），又名联磷。这种联磷在常温下一接触到空气，便会发火自燃，从而引起磷化氢的燃烧，火焰随空气流浮动，这便是所谓的“鬼火”了。

现在让我们用实验来揭示“鬼火”的秘密。

在一只大试管里，放入35毫升左右的浓氢氧化钾（或氢氧化钠）溶液和一粒小黄豆般大小的黄磷（黄磷又名白磷，必须在专业教师指导下小心使用。

因为它有剧毒，并且极易着火燃烧，切割时要在水下进行，不能用手拿，多余的磷必须浸泡在水里或煤油里。小黄豆粒大小的磷最好再切碎些，以扩大反应接触面）。用铁夹将试管微微倾斜地固定在铁架台上，试管口塞上一个附有玻璃导管的橡皮塞，导管的另一端浸没在水槽中。然后用酒精灯缓缓加热试管，水槽中的导管口即有气体冒出。此气体一接触空气，旋即发生一团团的火光，这就是“鬼火”了（注意！实验要在通风处进行，人必须站在上风，因为产生的磷化氢有毒。反应后若反应物里仍有黄磷残留，必须妥善处理）。

基本小知识

磷化氢

磷化氢是一种无色、高毒、易燃的储存于钢瓶内的液化压缩气体。其存储压力为其蒸汽压 522 psig（70℉），该气体比空气重，并有类似臭鱼的味道。如果遇到微量其他磷的氢化物如乙磷化氢，会引起自燃。磷化氢应该按照高毒性且自燃的气体处理，吸入磷化氢会对心脏、呼吸系统、肾、肠胃、神经系统和肝脏造成影响。

磷广泛存在于动植物体中，因而它最初从人和动物的尿以及骨骼中取得。这和古代人们从矿物中取得的那些金属元素不同，它是第一个从有机体中取得的元素。最初发现时取得的是白磷，是白色半透明晶体，在空气中缓慢氧化，产生的能量以光的形式放出，因此在暗处发光。当白磷在空气中氧化到表面积聚的能量使温度达到 40℃时，便达到磷的燃点而自燃。所以白磷曾在 19 世纪早期被用于火柴的制作中，但由于当时白磷的产量很少而且有剧毒，使用白磷制成的火柴极易着火，效果倒是很好，可是不安全，所以很快就不再使用了。到 1845 年，奥地利化学家施勒特尔发现了红磷，确定白磷和红磷是同素异形体。由于红磷无毒，在 240℃左右着火，受热后能转变成白磷而燃烧。于是，红磷成为制造火柴的原料，一直沿用至今。

关于磷元素的发现，还得从欧洲中世纪的炼金术说起。那时候，盛行着炼金术，据说只要找到一种聪明人的石头——哲人石，便可以点石成金，让普通的铅、铁变成贵重的黄金。炼金术家仿佛疯子一般，采用稀奇古怪的器皿和物质，在幽暗的小屋里，口中念着咒语，在炉火里炼，在大缸中搅，朝思暮想寻觅点石成金的哲人石。1669 年，德国汉堡一位叫布朗特的商人在强

热蒸发人尿的过程中，没有制得黄金，却意外地得到一种像白蜡一样的物质，在黑暗的小屋里闪闪发光。这从未见过的白蜡模样的东西，虽不是布朗特梦寐以求的黄金，可那神奇的蓝绿色的火光却令他兴奋得手舞足蹈。他发现这种绿火不发热，不引燃其他物质，是一种冷光。于是，他就以“冷光”的意思命名这种新发现的物质为“磷”。拉瓦锡首先把磷列入化学元素的行列。他燃烧了磷和其他物质，确定了空气的组成成分。磷的发现促进了人们对空气的认识。

炼金术

炼金术是中世纪的一种化学哲学的思想和始祖，是化学的雏形。其目标是通过化学方法将一些基本金属转变为黄金，制造万灵药及制备长生不老药。

磷在食物中分布很广，无论动物性食物或植物性食物，在其细胞中都含有丰富的磷。动物的乳汁中也含有磷，所以磷是与蛋白质并存的，瘦肉、蛋、奶、动物的肝、肾含量都很高，海带、紫菜、芝麻酱、花生、干豆类、坚果、粗粮含磷也较丰富。但粮谷中的磷为植酸磷，不经过加工处理，吸收利用率低。

此外，磷还是构成骨骼和牙齿的重要成分。磷为骨和牙齿的形成及维持所必需。例如在骨的形成过程中 2 克钙需要 1 克磷。所以人类在摄取了这些食物以后，人类体内磷的含量会增加，特别是骨骼和牙齿上。在人死后，这些磷却没有“死”。在达到磷自燃的条件后，“鬼火”也就出现了。

这个实验用事实告诉我们：“鬼火”并不存在，它只是自然界物质存在的一种现象罢了。

磷

火烧不破的“宝衣”

一千多年前，据说后汉恒帝的一位大将军梁翼超有一件“宝衣”。有一天，他在宴会上故意用油渍弄污这件衣服，客人都替他惋惜，只见他若无其事地把衣服往火光熊熊的炭盆中一放，过了一会，拿起衣服来看，不但上面的油污没有了，而且衣服没有丝毫烧坏的痕迹，客人都惊叹不止。这件能够“火浣”的衣服，实际上就是用石棉做成的。

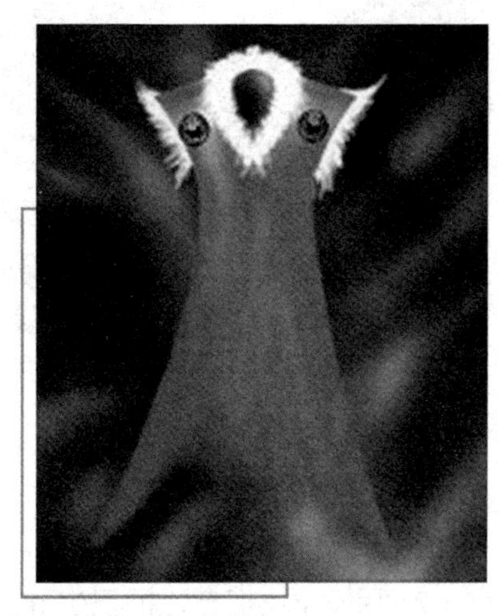

宝 衣

石棉不怕火，是由于它里面的主要成份是含钙、镁等的硅酸盐。它们本身既没有可燃性，也不能支持燃烧。石棉衣上的油污，早就在烈火中燃烧生成水蒸气和二氧化碳气体散失了，不留下痕迹。

用石棉可以织成防火布。那么普通的布是否也能变成耐火的呢？做一做下面的实验，你将会得出一个明确的答案。

把适量磷酸铵溶解在热水中，制成较浓的溶液（浓度约30%）。然后把一小块棉布放在溶液里浸透、晾干。然后，把这块布和另一块没有处理过的布分别进行燃烧试验。可以看到，浸过磷酸铵的布无论如何也烧不起来；那块没有处理过的布，不久就慢慢地烧起来了。

棉布能够燃烧，是因为它的纤维是由碳、氢、氧等元素组成的。在加热时，借助于空气中的氧气发生作用，生成水和二氧化碳。所以棉布在燃烧后，除留下了少量杂质外，全部都燃烧成气体。

那么，为什么浸过磷酸铵溶液的布遇火不会烧起来呢？因为磷酸铵吸收热量后能分解出氨和磷酸，它们既不能燃烧，又阻碍布与空气接触，这样布就不被燃烧了。因此，磷酸铵的一个重要用途就是作为木材等的防火剂。

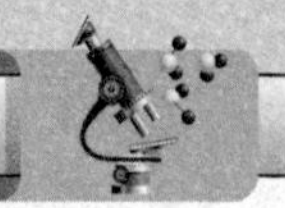

除了磷酸铵溶液可以把普通衣服变成不怕火烧的“宝衣”之外，萘也有这种“特异功能”。

【实验用品】坩埚、镊子、酒精灯、三脚架、泥三角、棉布、8粒卫生球。

基本小知识

坩埚

坩埚是用极耐火的材料（如粘土、石墨、瓷土、石英或较难熔化的金属铁等）所制的器皿或熔化罐。坩埚为一陶瓷深底的碗状容器。当有固体要以大火加热时，就必须使用坩埚。因为它比玻璃器皿更能承受高温。坩埚使用时通常会将坩埚盖斜放在坩埚上，以防止受热物跳出，并让空气能自由进出以进行可能的氧化反应。

【实验步骤】

1. 把8粒卫生球放入坩埚，再将坩埚放在三脚架上的泥三角上，用酒精灯加热，到卫生球全部熔化为止。等坩埚冷却后，取出卫生球晶体块备用。

2. 用一小块棉布，把卫生球晶体块紧紧地包起来（包一层即可），用镊子夹住，然后在酒精灯火焰上点燃。布很快起火，并向外发散出黑烟。

3. 火焰熄灭，仔细检查包卫生球的棉布，棉布完整无缺，也没有被烧坏的痕迹，只是布上沾有一层黑色的粉末。

【实验分析】

1. 这个简单而有趣的实验是利用了萘的升华性质。布上的火，是萘蒸气燃烧时发出的。卫生球的成分是萘（$C_{10}H_8$），它是由碳、氢两种元素组成的易燃物质，在空气中，当达到一定温度（萘蒸气着火点527℃）就会燃烧起来。

2. 此实验的关键有两条：

（1）棉布一定要包紧卫生球晶体块。

（2）燃烧的时间不能过长。因为烧的时间过久，卫生球消耗过多，棉布和卫生球晶体块之间就会逐渐离开，形成较大空隙，棉布将处于火焰内部，这样棉布也会燃烧起来。

3. 布上的黑色粉末是萘燃烧时由于部分未充分燃烧而生成的碳。因为此实验是用棉布包着卫生球进行的，所以燃烧不完全。

4. 棉布为什么不会燃烧呢？一方面萘蒸气燃烧放出了热量；另一方面萘的升华过程要吸收热量，这又消耗了很大一部分热量。同时还有一部分热量消耗在萘蒸气升高温度达到着火点上。这样，棉布的温度就比较低，甚至低于棉布的着火点，所以棉布不会燃烧。

5. 此实验也可这样做：取一个卫生球，用一块手帕紧紧包住，在火上点燃。当小布包燃烧起火，并向外冒出黑烟时，立即熄灭火焰，检查手帕是否烧坏。这个实验比较简单，现象也很明显。

其实，这是一种物质溶解的热效应。下面有其他的两个实验，通过这两个实验，大家可以进一步了解什么是溶解及溶解过程的热效应。

实验一：

【实验用品】100 毫升烧杯、量筒、小试管、玻璃棒、温度计、演示用检温计、刨光的小木板、酒精喷灯、硝酸铵、浓硫酸、石蜡、红墨水。

【实验步骤】

1. 硝酸铵溶解时的吸热现象

在小木板上滴 10 ~ 15 滴水，然后放上小烧杯。向烧杯中加入 30 克硝酸铵固体，提起烧杯，杯子不能把木板带起，再把烧杯放在木板上，同时插入温度计和盛放 1/3 试管水的小试管，然后加入 50 毫升水，并不断搅拌使其溶解。开始可看到烧杯外壁上出现一层水雾，温度计内汞柱迅速下降，小试管内的水结成冰。用手提起烧杯时，木板与烧杯冻结在一起，而烧杯内的溶液并未结冰。

2. 浓硫酸溶解时的放热现象

在小木板上滴几滴熔化的石蜡，迅速放上烧杯，使其粘结在木板上。然后向烧杯中加入 50 毫升水，插入演示用检温计，再慢慢沿烧杯壁倒入 20 毫升浓硫酸，边倒边搅拌。观察到检温计中红色液柱迅速上升，再提起烧杯时木板自然下落。

【实验分析】

1. 物质在水里溶解有两个过程，一种是固体（或液体溶质）分子或离子向溶剂内分散的过程，这种过程吸收热量；另一过程是溶质分子或离子与水分子作用，形成水合物的化学过程，这种过程放出热量。形成溶液时放热还是吸热，取决于这两个过程中放出和吸收热量的多少。如果吸收的热量大于

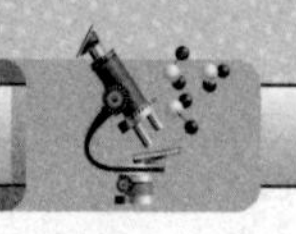

放出的热量，则溶液温度降低；反之溶液温度升高。

硝酸铵溶解时吸收的热量大于放出的热量，所以溶液温度降低，使小试管内的水、烧杯与木板间的水都结成了冰。浓硫酸溶解时放出的热量大于吸收的热量，溶液温度升高，使烧杯下的石蜡熔化，木板脱落。

2. 实验成败的关键

（1）硝酸铵应取干燥细小的颗粒（不能研磨，要轻轻压碎），放入水中搅拌后能迅速溶解，这样溶液温度才能骤然降低。

（2）烧杯与木板间的石蜡只能加一薄层，以粘牢烧杯为准。如加石蜡过多，不易熔化，致使木板不能脱落。浓硫酸要慢慢倾倒，边加边搅拌，防止局部过热造成部分液体暴沸。

3. 硝酸铵可用硝酸钾、氯化铵、硫氰化铵等物质代替，它们溶于水时都有显著的吸热现象。

4. 浓硫酸也可用氢氧化钠、氢氧化钾、无水碳酸钠等物质代替。溶于水有显著放热现象的常见物质有：氢氧化钾、氢氧化钠、碳酸钠、硫酸铜、氯化钙、硫酸铁、硫酸镁、氯化镁、硫酸锌等。这些物质一定要干燥，有的在实验前应先烘干成无水合物。

5. 溶液的凝固点比纯溶剂的凝固点低。所以，当硝酸铵溶液温度降到0℃以下时，纯水结冰，而硝酸铵溶液仍不能凝固。

实验二

【实验用品】试管、玩具气球、烧杯、碳酸氢铵、浓硫酸、乙醚。

【实验步骤】

1. 取一个干燥小试管，加入两药匙碳酸氢铵。在试管口套上一个未充气的玩具气球，插入盛水的烧杯中，当加入浓硫酸后，由于溶液温度升高使碳酸氢铵受热分解，放出二氧化碳和氨气充入气球使之迅速膨胀。

2. 在烧杯中插入盛乙醚的小试管，当加入浓硫酸后，溶液温度升高，乙醚气化，在玻璃管尖口处可点燃乙醚蒸气（注意不要使空气中乙醚蒸气太多，以防止爆炸）。

最轻的肥皂泡

在盛大的节日里，往往可看到人们将五光十色的气球放到天空中去。

气球为什么会上升得那么高呢？很多人都会回答，那是因为胶囊里充满了氢气的缘故。这里我们通过一个简单的实验来介绍氢气球上升的原理。

事先准备好一支试管，配上附有玻璃管的塞子，玻璃管上通过橡皮管再接一只尖嘴玻璃管。同时准备少许浓度适中的肥皂液。

气 球

实验开始，先在试管里放入十几颗小锌粒，然后小心地加入 5 ~6 毫升浓度约为 20% 的稀硫酸，轻轻摇荡试管，就有很多气泡发生。这时，用已准备好的塞子，将试管口塞好。把尖嘴玻璃管在肥皂液里蘸一下后，就使管口斜着向上，不久管口就有肥皂泡形成。稍微振动尖嘴玻璃管或用嘴向管口和肥皂泡接触的地方轻轻吹气，肥皂泡就脱离管口迅速上升，可以升得很高很高。

因为这个实验里的肥皂泡充满的是氢气。氢气是一种最轻的气体，它的比重只有空气的 1/14。因此，用这种气体充入肥皂泡中，使整个肥皂泡的重量还不及它所排出的空气的重量。换句话说，肥皂泡受到的浮力（向上的）比重力（向下的）大，所以它能迅速上升。氢气球上升，也就是这个道理。

轻质袋状或囊状物体充满氢气，靠氢气的浮力可以向上漂浮的物体就叫氢气球。氢气球一般有橡胶氢气球、塑料膜氢气球和布料涂层氢气球几种。较小的氢气球，当前多用于儿童玩具或喜庆时刻放飞用；较大的氢气球用于飘浮广告条幅，也叫空飘氢气球；气象上用氢气球探测高空；军事上用氢气球架设通信天线或发放传单。

在发明飞机以前，曾经有人利用大量的氢气制造高空飞行的工具——飞船。但是氢气有容易着火和爆炸的危险，用它充气的飞船经常发生爆炸事故，后来就改用另外一种较轻的气体——氦气来代替了。虽然如此，由于氢气比氦气容易制得，并且价钱也便宜得多，所以现在还常用它来制成不乘人的探空气球，以供研究高空气象等情况。

热气球

作为航空器的气球可分为热气球和充气气球两类，皆利用加热的空气或某些气体比如氢气或氦气的密度低于气球外的空气密度以产生浮力飞行。热气球主要通过自带的机载加热器来调整气囊中空气的温度，从而达到控制气球升降的目的。充气气球则主要是调整内外界空气比例来控制气球升降，必要的时候还可采用抛弃压舱物的方法来改变飞行状态。

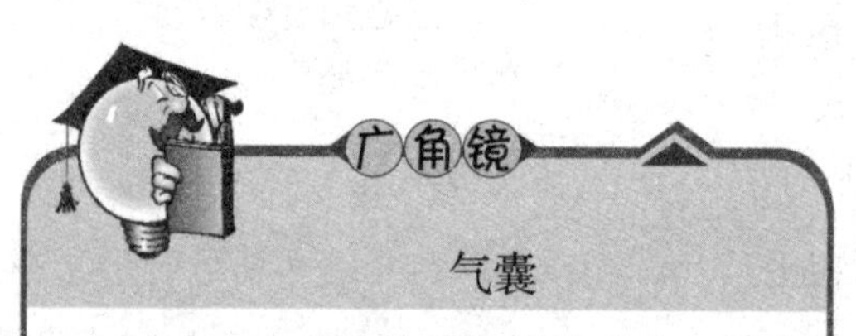

气囊

气囊，气管上的薄壁膨胀部分，螺旋丝缺如或不发达，有助于气管系统的空气流通和飞行。在蝉类，它为共鸣箱。

热气球在中国已有悠久的历史，称为天灯或孔明灯。知名学者李约瑟也指出，西元 1241 年蒙古人曾经在战役中使用过龙形天灯传递信号。法国的孟格菲兄弟于 1783 年才向空中释放欧洲第一个内充热空气的气球。法国的罗伯特兄弟是最先乘充满氢气的气球飞上天空的。

在世界很多不同的国家，气球也会用来作庆祝重大节日来临时的点缀。当一些节日来临时，很多地方的街道上都可以看到不同颜色的各种气球。在一些开幕的仪式中，人们会刺破气球，象征着那开幕的重要时刻，也能增加气氛。

你衣服上有盐花吗

在炎热的夏天，为什么汗出多了，衣服上就可能出现盐花？盛滴滴涕的铁罐为什么外面总带有白霜？像这类问题，如果动手做做下面的实验，就可能得到启发，从而获得正确的解答。

取2～3毫升酒精，放至小烧杯里，外面用热水温热片刻，然后将事先研碎的樟脑丸粉末渐渐加入，直到粉末不再溶解为止。这个溶液就叫樟脑丸的“饱和溶液”（其中樟脑叫溶质，酒精叫溶剂）。然后把这个溶液倒在一块玻璃板或光滑的木板上，不久，玻璃板上就出现枝干参差的白色树状图案（如果用成份是萘的卫生球来做，效果相同）。

经验告诉我们：温度越高，物质的溶解量一般也越大。因为樟脑在酒精里的溶解量是随着温度的升高而增加，也随着温度的降低而减少的。因此在热的酒精里，樟脑很容易溶解，并且很快达到饱和。当溶液倒在玻璃板上的时候，温度骤然降低了，樟脑在酒精中的溶解量也随着降低，所以过多的樟脑就成白色晶体析出。同时酒精的挥发性较大，不久就全部化为蒸气散失。溶剂减少了，樟脑就更加快地结晶出来。

知识小链接

樟脑

樟脑，IUPAC名称为1,7,7－三甲基二环[2.2.1]庚烷－2－酮，一种环己烷单萜衍生物。它是从樟树的树皮与木质蒸馏制得的酮，也可从松节油合成。它用于许多商品的制备，临床上可作为局部抗炎和止痒涂剂。

至于为什么会出现参差的树枝状，主要是因为溶液在玻璃板上结晶，首先是在某些点上开始的，以后陆续析出的晶体，都是长在已经析出的晶体上。晶体越是突出的部分，与溶液接触的机会也越多，长得就越快。所以晶体的

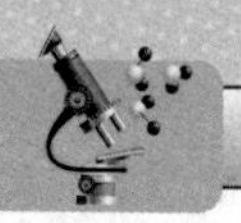

析出，不是向四面平均发展，而是一条一条的，和树枝差不多。

衣服上出现盐花和盛滴滴涕的铁罐外出现白霜的原因，也是由于溶剂蒸发了，使溶质析出所引起的。

利用溶剂蒸发而引起结晶这一原理的实例很多。我们日常生活中不可少的食盐，绝大部分就是用蒸发结晶的方法从海水里获得的（西南一带出产的岩盐是例外）：首先把海水引到盐田里，然后利用日晒和风吹使海水蒸发，最后便析出了晶体状态的食盐。化学实验室内所用的固体药品，以及其他许许多多的固体医药品，大部分也是用蒸发和冷却的办法，从溶液里获得的。

前面讲到溶解过程的热效应，接下来我们要了解与溶解对应的结晶的热效应。

【实验用品】烧杯（50 毫升）、酒精灯、温度计、三脚架、石棉网、硫代硫酸钠的晶体。

【实验步骤】

1. 在一个 50 毫升容量的小烧杯里，加入 30～40 克硫代硫酸钠的晶体（$Na_2S_2O_3 \cdot 5H_2O$），将烧杯垫上石棉网放在三脚架上加热，把硫代硫酸钠晶体熔化，冷却备用（操作数小时前要准备好！）。

2. 待熔化了的硫代硫酸钠冷至室温（若无晶种一般放置 10 天半月，甚至是更长的时间也不会结晶）。操作时，用水将温度计的水银球浸湿，沾取少许硫代硫酸钠晶体作为结晶的种子（晶种），插入硫代硫酸钠熔体中，此时温度计上水银球的晶体迅速生长，温度计温度升高。1 分钟以内，熔体全部结晶，同时释放出结晶热。在实验条件下，温升达 45℃左右，维持的时间约半小时。

【实验分析】

1. 硫代硫酸钠晶体被加热到 48.2℃以上时便开始熔化成液体，但这不是五水合硫代硫酸钠的真正熔点。因为加热时硫代硫酸钠溶解在它失去的结晶水里形成溶液，直到 60℃左右样品才全部熔化。这种液体实际上是一种溶液，只是它的组成跟盐相同，即 5 摩尔/升水比 1 摩尔/升硫代硫酸钠。这些水合物的熔体，冷却到 48.2℃甚至更低的温度，因形成过饱和溶液而有它特殊的稳定性。

五水合硫代硫酸钠

五水合硫代硫酸钠是一种物色透明的单斜晶体，溶于水和松节油，难溶于乙醇。在33℃以上的干燥空气中风化，在48℃分解，灼烧则分解为硫化钠和硫酸钠。无水物的密度为1.667。水溶液呈弱碱性反应，遇强酸分解并析出硫和二氧化硫。

2. 当用硫代替硫酸钠晶体作为晶种投入熔体，就会以五水合硫代硫酸钠形式结晶。用其他晶系的晶体（如食盐晶体）去引发五水合硫代硫酸钠结晶，是没有效果的。

3. 由于液态硫代硫酸钠晶体的形成是一个吸热过程，因此它的逆过程就是一个放热过程。在一般实验条件下，不论室温高或低，不论五水合硫代硫酸钠熔体的量是多或少，结晶时温度计的温度只上升到45℃～46℃就不再上升了。有人测定，从五水合硫代硫酸钠熔体中析出硫代硫酸钠晶体时的结晶热是零下128.45焦耳/克（31.88千焦/摩尔）。

4. 实验后的五水合硫代硫酸钠晶体，经再熔化、冷却、放置，在以后的演示实验中还可继续使用。

1+1=2吗

1+1=2，从数学上来讲，这恐怕谁也不会表示怀疑，但是，在生活中却居然有不等的事情。

这是真的吗

在一支干净的试管里，注入5毫升体积的水，再使试管稍为倾斜，沿着试管壁慢慢地加入与水相同体积的纯酒精（可以用酒精灯里的酒精进行实验，但不能用消毒用的酒精，因为那种酒精已经掺过水）。把试管放直，用毛笔在试管

外壁液面的高度处，画一根墨线作记号。然后振荡试管，使酒精和水充分混合。那你再看一看墨线所作的记号，便会发现液体的体积缩小了。

如果用汽油代替水，进行上述实验，情况将是如何呢？你就会发现酒精和汽油混合，它们的体积反而变大了。

为什么两种互溶的液体混合以后，它们的体积会发生变化呢？说起来原因比较复杂，不过此处可以尽量说得简单些。

水、酒精、醋酸以及许多种物质，在液体状态时，由于它们分子之间的引力作用，使其中一部分分子三两成群地结合成比较大的缔合分子。如果把甲、乙两种液体混合，就可能发生两方面的变化：一方面由于甲、乙两种分子互相接触，它们之间的引力使甲种分子与甲种分子之间原来所具有的引力减小了（同样也使乙种分子之间的引力减小）。这样一来，缔合分子便解离成单个分子（或者缔合的程度变小），结果使液体的体积增大了。这个过程和把泥块打碎，泥土变松，体积便会变大的现象十分相似。另一方面，甲、乙两种分子互相接触也可能使甲、乙两种分子缔合成新的、较大的缔合分子，结果使液体的体积变小了。这又和松疏的泥土遇水结成块，体积变小的道理差不多。

当然，也有混合前后体积不变的情况。如相同体积的汽油和煤油、苯和甲苯混合时就是如此。

那么，把两种液体混合起来，体积是变小、变大或者不变，就得看上面两种因素中哪一种占优势来决定了。以酒精和水混合的例子来说，酒精分子和水分子结成缔合分子的倾向比较大，所以后一种因素起了决定性作用，体积就缩小了。而酒精和汽油之间的分子不容易缔合，所以前一种因素是决定性的，体积就变大了。

两种液体混合后，体积发生变化并不违背质量守恒定律。因为质量守恒定律说的是质量，而不是体积。

还是来试一下液体互溶时体积的变化这个实验吧。

实验一：

【实验用品】一端封闭的玻璃管（0.5 厘米 ×90 厘米）、量筒、滴管、橡皮筋、橡皮塞、无水乙醇、冰醋酸、苯、乙酸乙酯、二硫化碳。

【实验步骤】

1. 向长玻璃管中注入 9 毫升水，再慢慢注入 9 毫升乙醇，把橡皮筋固定在管中液体凹面处，管口塞上橡皮塞，反复倒转玻璃管，使乙醇与水充分混合，然后竖起玻璃管，可观察到溶液液面低于橡皮筋标记位置。

2. 另取一支玻璃管，向其中注入二硫化碳 9 毫升，再慢慢注入乙酸乙酯 9 毫升，按同样操作方法，可观察到溶液液面高出橡皮筋标记位置。

【实验分析】

1. 乙醇与水混合后分子间距离缩小，所以溶液体积小于混合前单独两组分液体体积之和。二硫化碳与乙酸乙酯混合后分子间距离增大，所以，溶液体积大于混合前单独两组分液体体积之和。

2. 我们往往误认为任何两种液体相混溶，得到溶液的体积必等于原两液体体积之和。通过本实验可以纠正这一错误概念。

3. 向长玻璃管中注入液体时，应用滴管沿管壁（滴管不能堵住管口）缓慢注入，以使管中空气顺利排出，液柱间不存留气泡。加入液体的次序，应先注入密度大的液体，再注入密度小的液体。

4. 操作 2 中也可改用萘和冰醋酸，这两种液体混合后体积也增大。但它们不是完全互溶，只能部分互溶，静置后仍分成两层，而乙酸乙酯与二硫化碳是完全互溶，混合后不再分层。

5. 冰醋酸有强烈腐蚀性，二硫化碳易燃，使用时要注意安全。

实验二：

【实验用品】酒精喷灯、中号试管、量筒、橡皮塞、无水乙醇。

【实验步骤】

1. 自制演示用试管。取一中号试管，用酒精喷灯在距试管口处加热，并不断转动，使受热均匀，当烧至红热时，轻轻拉细烧红部分，再放入火焰中烧红再拉，反复几次，拉成形，细颈部分长 3 ~ 5 厘米，内径 0.3 ~ 0.4 厘米。冷却后向试管内注入水至细颈顶端，再把水倒入量筒中，记下体积数，即为试管中底部到细颈的容积。

2. 向试管中加水和乙醇各为容积的一半（即刚好加至细颈顶部），塞紧橡皮塞，反复倒转试管，使两液体充分混合，竖起试管，可观察到细颈部分

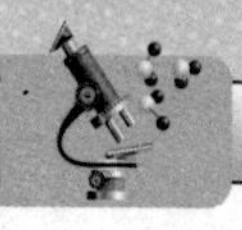

液面下降。

方法三：

【实验用品】50 毫升量筒、10 毫升移液管、饱和硫酸铜溶液。

【实验步骤】

1. 在量筒里倒入 40 毫升水。用移液管量取 10 毫升硫酸铜饱和溶液，把硫酸铜饱和溶液慢慢地加入到水底。蓝色的硫酸铜溶液最初与水清晰地分为两层。

2. 轻轻地把量筒放在平稳的地方，继续观察。静置数天后界面开始模糊。过了两个星期，两液体的界面消失，在量筒当中的液体呈浅蓝色。最后，整个液体都成为均匀的水溶液。

【实验分析】

1. 两种能互相混溶的液体，在分层的状况下会通过界面发生扩散现象。

2. 水分子和硫酸铜分子（严格地说，是 Cu^{2+} 和 SO_4^{2-}）由于各自分子的运动而相互扩散，所以出现了混溶在一起的现象。由于扩散速度较慢，需要的时间较长。

3. 可以用长颈漏斗代替移液管。

知识小链接

漏斗

漏斗是一个筒型物体，被用作把液体及粉状物体注入入口较细小的容器。在漏斗嘴部较细小的管状部分可以有不同长度。漏斗通常以不锈钢或塑胶制造，但纸制漏斗亦有时被使用于难以彻底清洗的物质，例如引擎机油。一些漏斗在嘴部设有可控制的活门，让使用者可控制流质流入的速度。漏斗常见于厨房；在实验室也可找到漏斗，有时会使用滤纸以隔滤结晶物等化学物质。

我是发明家

发明家指创造或拥有新装置、新设计或新方法者，能更好地提高和影响人类生活水平，对人类社会未来发展有着巨大帮助，在人类发明史上作出伟大奉献或在发明界有一定影响力的人物。

喷　泉

喷泉原是一种自然景观，是承压水的地面露头。园林中的喷泉，一般是为了造景的需要，人工建造的具有装饰性的喷水装置。喷泉可以湿润周围空气，减少尘埃，降低气温。喷泉的细小水珠同空气分子撞击，能产生大量的负氧离子。因此，喷泉有益于改善城市面貌和增进居民身心健康。

◎我们先动手做一个普通的喷泉

取两只玻璃瓶，装配妥善。注意不要让装置漏气，连接气体发生器（左瓶）的玻璃管不能装得太低，喷水管的口径最好是比较细的。

先在另一瓶内盛满染成红色的水（水中加几滴红墨水即可），然后向气体发生器里放入十几粒像黄豆般大小的锌粒。再注入稀硫酸（浓度约为20%），直到瓶里的锌粒完全浸没为止，塞紧木塞。

喷　泉

漏气

漏气指在运行中气体通过活塞和气缸之间的间隙漏泄。

不久可以看到，红色的水从尖嘴玻管喷出，很像公园里的喷泉。如果做得好，这喷泉喷水的高度可以达到2～3米。

实验时，从开始喷水起，就要用手压紧两个木塞，以防木塞冲出，使实验失败。气体发生器最好用布包起来，以免万一瓶爆裂伤人。

这个实验的原理很简单：当锌和稀硫酸接触时，随即发生反应，生成氢气。由于氢气极难溶解在水里，随着氢气量的不断增多，氢气对水的压力也越来越大，最后终于使水通过尖嘴玻璃管压了出来，形成喷泉。

◎接下来是彩色喷泉

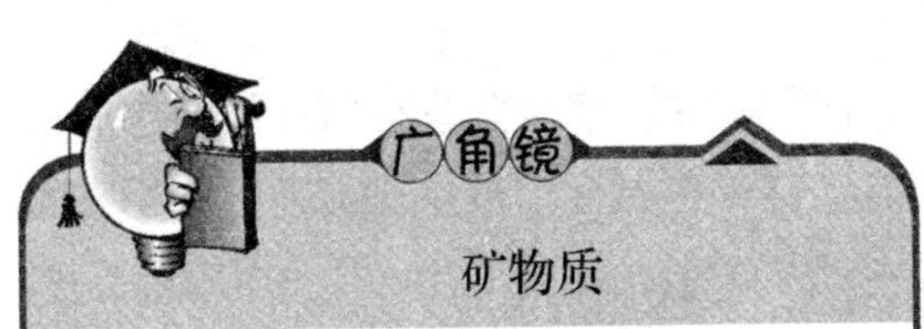

矿物质

矿物质是人体内无机物的总称，是地壳中自然存在的化合物或天然元素。矿物质和维生素一样，是人体必须的元素，矿物质是无法自身产生、合成的，每天矿物质的摄取量也是基本确定的，但随年龄、性别、身体状况、环境、工作状况等因素有所不同。

当带有颜色的地下水喷出时，就可能形成各种美丽的彩色喷泉。例如我国的西藏有很多喷泉，就含有大量乳白色的、淡黄色的或玫瑰色的矿物质。

下面我们来做一个比大自然的喷泉更加奇异得多的实验。

首先按图的要求准备仪器，然后把5克氯化铵和10克消石灰（即氢氧化钙）混合均匀，放入瓶1，把瓶2装上，并在瓶口塞一团棉花。最后用酒精灯加热瓶1，几分钟后，便有无色氨气产生。

用一张润湿的红色石蕊试纸移近瓶2的瓶口，如果试纸由红色变为蓝色，就证明瓶内氨气已经收集满。接着，停止加热，把瓶2取下，装在盛有满瓶酚酞溶液（先在瓶子里盛满清水，然后加数滴0.1%酚酞酒精溶液即可）的瓶3上面，并用装在橡皮塞上的玻璃管把瓶2和瓶3连接起来，并把橡皮塞塞紧。

最后，从装在瓶3塞子上的弯玻璃导管向瓶内吹一口气，使少量的酚酞溶液通过玻璃管尖口压入瓶2中。以后虽然已经停止了吹气，但无色的酚酞溶液仍会继续自动地上升，并且愈来愈剧烈，最后终于形成了喷泉，冲击着上面的瓶底，发出“沙沙”的响声；同时，无色的溶液在喷出玻璃管尖口的一刹那，也变成了红色，十分好看。

现在让我们来研究变色喷泉形成的原因。

因为氨气是一种极易溶于水的气体，在通常的温度下，1升水可溶解700升左右的氨气，在0℃时甚至可以溶解将近1200升。所以，当酚酞溶液冲出玻璃管尖口时，瓶 2 里的氨气立即溶解在水中。因为瓶 2 里的氨气减少了，气压也随着降低，所以瓶 3 里的酚酞溶液在大气的压力下，就通过尖口玻璃管压到压力较小的瓶 2 里。氨溶解得愈多，瓶 2 里的气压就愈小，酚酞溶液上升也就愈快，终于形成小水柱喷出。

至于喷泉为什么会变色，这是由于氨水是碱性物质，而碱性的溶液遇到无色的酚酞，就会变成红色。

除了酚酞以外，还有许多物质，它们在酸性溶液中或在碱性溶液中有不同的颜色。例如石蕊在酸性溶液中显红色，在碱性溶液中则显蓝色；甲基橙在酸性溶液中显红色，在碱性溶液中却显黄色。在化工生产中和实验时，常用这些通常称作酸碱指示剂的物质来检验溶液的酸碱性。为了使用方便，一般都用容易吸水的纸条浸透指示剂溶液，然后晾干制成为指示剂试纸。例如上述实验中用到的石蕊试纸就是这样制成的。

进一步试验证明，不同的指示剂是在不同的酸碱度下改变颜色的，如果需要比较精确地了解溶液的酸碱度，可以把几种指示剂按一定比例混合起来，然后制成试纸。那么，这种指示剂试纸在不同的酸、碱度下，就能显出不同的颜色。根据颜色的变化，便可十分简捷地了解这个溶液的酸碱度了。这就是通常使用的广泛指示剂试纸。

实验一：木炭吸附气体形成喷泉

【实验用品】圆底烧瓶、带尖嘴细玻璃管及止水夹的胶塞、烧杯、木炭、氨气或二氧化氮气体、水。

【实验步骤】

1. 实验装置安装就绪，并检查气密性。

2. 在烧瓶中充满氨气（或二氧化氮气体），然后放入约 2 药匙的木炭粉（小细颗粒），立即塞紧橡皮塞。摇动烧瓶，然后将细玻璃管插入烧杯的水中。

3. 打开止水夹，即可观察到水进入烧瓶中，形成喷泉。

【实验分析】

1. 实验前应将木炭烘干，除去吸附的少量水分，以保证有较好的实验效果。

2. 细玻璃管以细直径为好，同时要尽量短一些，尖嘴的一端放在烧瓶中。

实验二：二氧化碳被降温形成喷泉

【实验用品】平底烧瓶、尖嘴直玻璃管、单孔橡皮塞、大烧杯（500 毫升）、滴管、铁架台（带铁圈）、石灰水、乙醚。

【实验步骤】

先在平底烧瓶里充满二氧化碳气体，插进配有尖嘴直玻璃管的单孔橡皮塞并塞紧，再把玻璃管和烧瓶倒插在装满澄清石灰水的烧杯中。当用滴管在烧瓶底部滴加几滴乙醚时，乙醚挥发降温，使 CO_2 体积缩小，大气压把烧杯里的石灰水沿玻璃管压入烧瓶，形成美丽的白色喷泉。

乙醚

乙醚，无色透明液体，有特殊刺激气味，带甜味，极易挥发，其蒸气重于空气。在空气的作用下能氧化成过氧化物、醛和乙酸，暴露于光线下能促进其氧化。

【实验分析】

实验成功的关键是尖嘴直玻璃管不宜太长，内径宜小不宜大，否则启喷泉的速度慢。一般说来，夏天乙醚使瓶内气体降温快，启喷快；冬天要慢些。

实验三：二氧化碳与石灰水反应形成喷泉

【实验用品】圆底烧瓶（500 毫升）、尖嘴直玻璃管、单孔橡皮塞、大烧杯（500 毫升）、脱脂棉花、石灰水。

【实验步骤】

先使烧瓶充满二氧化碳气体。在配有单孔橡皮塞的尖嘴直玻璃管靠近尖嘴的一端，用橡皮筋固定一团棉花，并用石灰水浸湿，倒插在装满石灰水的烧杯中。当把充满二氧化碳的烧瓶倒置并将单孔橡皮塞塞紧时，二氧化碳与棉团上的 $Ca(OH)_2$ 反应，降低了瓶内的气压。大气压把烧杯中的石灰水沿玻璃管压入烧瓶，形成美丽的白色喷泉。

【实验分析】

1. 本实验用的玻璃管不宜太细，特别是尖嘴口径不能太细，瓶内因反应气压降低太甚，大气压有可能把烧瓶压破。鉴于二氧化碳跟石灰水反应迅速，泉液启喷快，可以不把烧瓶固定在铁架台上。

2. 石灰水可用氢氧化钠溶液代替，这种情况下的泉液没有颜色变化。

人造冰

酷热的夏天，能进行一些制冷的实验，大家一定很有兴趣。

这里向大家介绍两种获得冰水或冰的方法。

取一只小烧杯，四周包有毛巾或泡沫塑料（用以保温）。杯内盛水 50 克，然后加入 50 克硝酸铵，用玻璃棒搅拌使之溶解，你可以发现，这个溶解过程使溶液的温度明显下降。如果用温度计进行测量，温度大约下降 23℃～27℃（温度下降的幅度决定于环境向溶液传热的情况。如果环境完全不向溶液传热，温度可下降 33℃）。如果做实验的水的温度是 20℃，硝酸铵溶解后其温度约可下降到 －5℃。若用这个溶液作冷冻剂，可使盛在金属管中 25 克的清水从 20℃下降到 0℃；或可使 5 克水从 20℃凝固成 0℃的冰。实验中所用的金属管，可用日光灯上的继电器铝壳。把盛水的铝壳，用图钉固定在木条上，木条则固定在木板上，木板盖在烧杯上。

硝酸铵溶解在水中时，为什么会使溶液的温度下降？这是因为在硝酸铵晶体的分子均匀地分散到水的过程中，硝酸铵分子的运动速度加快了，而分子运动加速所需的能量，主要是依靠吸取周围的热量。在这个实验里，硝酸铵就从水中获取能量，从而使溶液的温度下降了。

应该指出，并不是所有固体物质的溶解都是降低温度的，氢氧化钠溶于水就是使溶液温度升高的例子。固体物质的溶解过程是复杂的。虽然固体物质溶解水时是吸热的，它能使溶液温度降低；但在溶解时，溶质分子会与水发生水合作用，这却是放热的，会使溶液温度升高。因此，固体物质溶解于水时，究竟是把溶液温度升高还是降低，这就看这两方面作用的净剩结果如何了。上面实验的例子是以吸热过程为主的，溶液温度降低了；而像氢氧化钠之

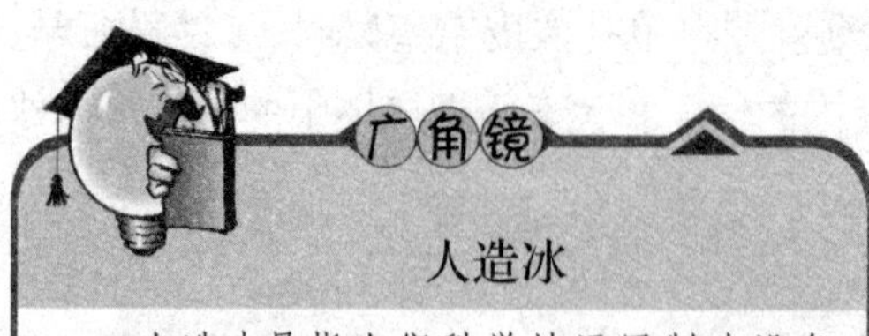

广角镜

人造冰

人造冰是指人们科学地运用制冷设备来吸收水或水溶液中的热量并使之冻结成固体的一个过程。

类的溶解，是以放热过程为主的，所以溶液的温度显著地增高了。

利用某些物质溶解时吸热来获得低温的方法，在经济上是不合理的。这是因为硝酸铵价格较大，而且再从溶液回收硝酸铵时，消耗的能量甚多。故这种方法除了应用于理论研究外，在实际生产上是没有多大价值的。

在实验室中，常用的是另一种比较经济而且有效的方法。

把冰敲成碎块，放在一个大碗里，然后向碗内加入大量的盐，并略加搅拌。这时一部分冰便融化成水，如果用温度计测量，就可知道盐水的温度比冰还要低。如把盛有清水的小铁罐插在盐水中，并用毛巾或几层纱布覆盖，过不多久铁罐里的水就全部凝结成冰。

用冰和食盐混合来获得低温的原理，与硝酸铵溶于水获得低温的原理完全不同。冰和食盐混合物降温的过程是从盐溶解于水开始的。对于冰来说，水的浓度（100%）高于盐水中水的浓度，浓度的差别迫使水从冰向盐水转移。而这种转移只有通过冰的融化才能实现，而冰的融化是要向周围吸热的，这就导致了盐水温度的下降。盐放得多些，冰融化得也多些，获得的温度也越低。

知识小链接

溶 解

广义上说，超过两种以上物质混合而成为一个分子状态的均匀相的过程称为溶解。

除了食盐外，其他许多物质，如结晶硫酸钠、氯化钙等都能与冰混合来获得低温。只是食盐价格比较低廉，应用较广。但由于食盐的溶解度较小，温度最低只能降到零下22.4℃。如果要获得更低的温度，可用其他盐类——溶解度大、产生离子数多的盐类。例如氯化钙和冰的混合物，可获得零下55℃的低温。这些物质通过与冰混合来获得低温，其实只是为了获得冰在溶解过程中释放出来的热量。

在自然界，溶解和结晶是两个相对的概念。溶解过程要吸收大量的热，因此可以使周围的温度降低；结晶则需要释放大量的能量，所以结晶过程中

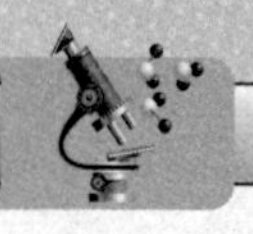

周围的温度会升高。

在实验室，我们可以利用物质溶解和结晶过程不同的热效应，来制作化学冰袋和化学暖袋。

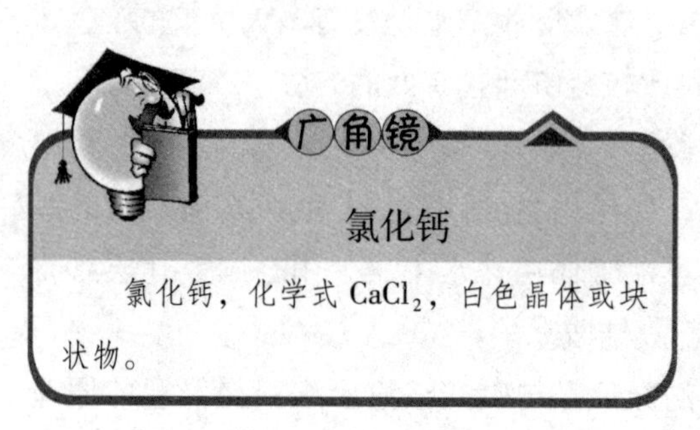

氯化钙

氯化钙，化学式 $CaCl_2$，白色晶体或块状物。

【实验用品】小塑料袋、大塑料袋、小泡沫塑料块、大头针、硝酸铵晶体、无水氯化钙。

【实验步骤】

1. 化学冰袋

（1）在一完好的不漏水的小塑料袋里盛放 10 毫升的清水，用烙铁封口（或用细线扎紧袋口），保证不漏水。另取一质量较好、透明的塑料袋，称取 10 克干燥的硝酸铵晶体放入塑料袋内；将一根针尖戳在小块泡沫塑料袋上（不要露出针尖）的大头针和盛水的小塑料袋一起放入大袋里，作为内袋。封死大袋口，确保不漏水。这就是化学冰袋。

（2）实验时，先观察袋内的药品，用手接触塑料袋，感到塑料袋的温度为室温。然后看清塑料袋里盛放的大头针，拔出针尖，刺穿内袋，使水从内袋流出与外袋的硝酸铵混合。这时塑料袋的温度急剧下降，可降到零下几度，学生们会感到塑料袋变得冰冷。

2. 化学暖袋

（1）在质量较好的不漏水的小塑料袋里放 17 毫升的清水，封紧袋口，保证不漏水。在另一透明、质量较好的大一些塑料袋里盛放 22 克无水氯化钙；将盛水的小塑料袋放入氯化钙里，作为内袋；再把一根大头针（针尖戳在塑料泡沫块上）也放入袋内。最后将大塑料袋封口，确保不漏水。这就是化学暖袋。

（2）实验时，用袋内的大头针将内袋刺破，氯化钙和水接触，溶于水，放出热量。氯化钙溶于水放热为 19.82 千卡/摩尔（或 178 卡/克），塑料袋的温度很快升高，炙热烫手。

【实验分析】

1. 因为硝酸铵溶于水是一个吸热过程，吸热为 6.26 千卡/摩尔（或约 78

卡/克）。硝酸铵溶于水时吸收了大最的热量，使温度降低，起到降温致冷的作用。氯化钙溶于水是个放热过程，所以塑料袋很快升温。

2. 化学冰袋还可用硝酸铵和碳酸钠晶体组成。在一只完好的塑料袋内盛放19克的硝酸铵晶体，在另一较好的塑料袋内盛放25克的纯碱即碳酸钠晶体。使用时，将两袋内的固体药品转入一个袋内，封紧袋口。两种药品混合，发生了吸热反应，使温度降低。

3. 化学暖袋还可用下列方法制成：在内袋里盛放约17克的硫代硫酸钠所形成的过饱和溶液，加入少许乙二醇（作为稳定剂，避免过饱和溶液在贮存期间的冻结）。外袋盛放约8克的硫代硫酸钠晶体。实验时，使劲挤压内袋，使内袋破裂，过饱和的硫代硫酸钠溶液与晶体接触，过饱和溶液便迅速结晶，放出热量。

知识小链接

乙二醇

乙二醇（Ethylene Glycol）又名“甘醇”、“1，2－亚乙基二醇”，简称EG。化学式为（$CH_2HO)_2$，是最简单的二元醇。乙二醇是无色无臭、有甜味液体，对动物有毒性，人类致死剂量约为1.6 g/kg。乙二醇能与水、丙酮互溶，但在醚类中溶解度较小，用作溶剂、防冻剂以及合成涤纶的原料。乙二醇的高聚物聚乙二醇（PEG）是一种相转移催化剂，也用于细胞融合；其硝酸酯是一种炸药。

晴雨表

对天气的晴雨，有生活经验的人，常能通过观察某些小昆虫的活动情况来预测。例如看到蜻蜓飞得很低，蚂蚁成群结队地爬出洞来，就知道天不久将要下雨了。但是这些小昆虫有时不一定能见到。现在我们可以用另一种简单的方法，来试做一个晴雨表。

把一张白纸条放在二氯化钴的饱和溶液里浸透，等到纸条干燥后，就成了一个简单的晴雨表。把它贴在墙上。如果纸上现出了淡红色，就知道不久要下雨了；如果出现蓝色，则是晴天的预兆。

利用蚂蚁活动情况预测天气

含有结晶水的二氯化钴或二氯化钴水溶液是红色的；而无水的二氯化钴呈蓝色。所以，红色的二氯化钴的水分蒸发后，就会渐渐变成蓝色；把变成蓝色的二氯化钴放在潮湿的空气中，它吸收了空气中的水分，又会恢复红色。大家都知道，天将下雨的时候，空气中的水分比较多，而晴天的空气却是比较干燥的。所以，二氯化钴颜色的变化，就反映了空气中这种干湿的情况。上面所介绍的简易晴雨表，就是利用了它的这种特性做成的。

如果用二氯化钴饱和溶液在白布或者纸上画一幅图画，那么，它将受到空气中水分多少的影响而变色。从这幅图画的颜色来预测天气的晴雨，就更有趣味了。

在天平室里，我们常常会看到在精密天平的玻璃橱内放一小杯紫色块状物，这是干什么用的呢？

原来，杯子里装的就是含二氯化钴的硅胶。硅胶本是无色的，它有很强的吸水能力。硅胶放在天平橱里可以吸去橱内的水蒸气，防止天平受潮锈蚀。经过一段时期后，由于硅胶吸收了多量的水，硅胶内蓝色的无水二氯化钴就转化成红色的含结晶水的二氯化钴。这就表明硅胶的吸水能力已经很弱了。这时应该把红色硅胶放至烘箱内，在约110℃

氯化钴

氯化钴，粉红色至红色结晶，微有潮解性，加热至52℃～56℃失去4分子结晶水而成为紫色或蓝色的二水化合物。100℃时再失去1分子水而成为紫色的易吸潮的无定形粉末或针状结晶，至120℃～140℃时全部失水。

的温度下将水分蒸发掉。当红色硅胶重新变成蓝色后，这说明它的吸水能力已经恢复，可以放回天平橱内重新使用。

二氯化钴的用途是比较多的，日常生活中人们能感觉到的用途是利用其结合水分子数不同颜色变化以及通过加热可以失水的热致变色的性质，比如用于制气压计、比重计、隐显墨水等；氯化钴试纸在干燥时是蓝色，潮湿时转变为粉红色；硅胶中加一定量的氯化钴，可指示硅胶的吸湿程度，常用于干燥存储器中。

除了二氯化钴以外，还有一些晶体在失去结晶水的时候也会发生颜色的变化。如无水硫酸铜是白色的，五水硫酸铜则是蓝色的。在实验室里，可以用无水硫酸铜来检验某些有机液体是否含有微量水分。例如无水酒精（又叫绝对酒精），它能吸收空气中的水分而使自己含有微量的水。如果放一点无水硫酸铜在这个酒精中，看它是否变蓝，就可以检验出它是否含有水了。

催化剂

催化剂，能提高化学反应速率，而本身质量或化学性质在化学反应前后都没有发生改变的物质。如蛋白质性酶和具有催化活性的RNA。

无水硫酸铜为白色或灰白色粉末，溶液呈酸性，粉尘刺鼻性很强，溶于水及稀的乙醇中而不溶于无水乙醇。在潮湿空气中易潮解，吸湿性很强；在高温中形成黑色氧化铜。无水硫酸铜（胆矾经过加热脱水处理后的白色粉末），化学式 $CuSO_4$，一遇水变蓝，通常实验用作证明有无水分存在。无水硫酸铜在化学工业中用来制取其他铜盐的重要原料。它主要用于船底防污漆原料、干燥剂、催化剂等方面。硫酸铜溶液浓缩结晶，可得到五水硫酸铜蓝色晶体，相对密度为2.284。五水硫酸铜在常温常压下很稳定，不潮解，在干燥空气中会逐渐风化，加热至45℃时失去二分子结晶水，110℃时失去四分子结晶水，150℃时失去全部结晶水而成无水物；无水物也易吸水转变为五水硫酸铜。常利用这一特性来检验某些液态有机物中是否含有微量水分。将五水硫酸铜加热至650℃高温，可分解为黑色氧化铜、二氧化硫及氧气。

温度计

二氯化钴不仅是做晴雨表的化学原料，还可以用来做温度计。

原料蓝色的无水二氯化钴与水结合可以生成红色的六水二氯化钴和一定的热量；反之，红色的六水二氯化钴也可以在加热或干燥的条件下，失去结合的水成为蓝色的无水二氯化钴。

其实颜色的变化不仅决定于水分的多少，还决定于温度的高低。如果温度是固定的，水分越多，无水二氯化钴越易与水结合生成红色的六水二氯化钴；反之，水分越少，越易生成蓝色的无水二氯化钴。如果水分是固定的，温度越高，分子运动越剧烈，红色的六水二氯化钴越易分解成蓝色的无水二氯化钴；反之，温度越低，则越易生成红色的六水二氯化钴。简易晴雨表是根据大气的相对湿度（包括温度和含水量二个因素）的变化，通过二氯化钴的颜色变化来判断晴雨的；而变色温度计则是在含水量固定的条件下，通过二氯化钴颜色的变化来判断温度的高低。

变色温度计的制法也很简单，具体如下：取一粒赤豆大小的红色的二氯化钴晶体，溶解在半管浓度为96%的酒精中，因为酒精与水结合的能力比二氯化钴强，所以六水二氯化钴失去结合的水而成蓝色。如把溶液加热，并保持在30℃，然后慢慢滴加清水，边滴边振荡混合，直到溶液的含水量刚好使二氯化钴变成红色为止。将这样的溶液继续加热，颜色又慢慢变紫、变蓝。颜色从完全红变到完全蓝，温度大概需提高20余度（即从30℃加热到50℃）。若把不同温度下溶液的颜色一一对应地标定下来，每5℃描一种颜色，然后用塞子塞紧试管口，用蜡密封，使溶液的含水量固定不变。一支量程为30℃~50℃的变色温度计就算制成了。

有趣的是，变色温度计的量程可以根据实验者的需要来选择。如果要制一支量程温度较高的变色温度计（例如50℃~70℃），只要按前面的方法，把二氯化钴的酒精溶液加热并保持在50℃，然后滴加清水，直到溶液完全变成红色为止（在50℃变色时所需的加水量，比在30℃变色时所需的加水量要多一些）。然后继续加热，把从50℃到70℃的颜色变化标定下来，封口。这就成了量程为50℃～70℃的变色温度计。

变色温度计可以让人在比较远的距离就看到温度的变化。如果一种仪器或设备的环境温度不许越过40℃，那么把一支量程为30℃～50℃的变色温度计放在仪器或设备旁，在远处也就可以根据标定的溶液颜色的变化来监视温度了。

既然已经知道了怎么制作变色温度计，那么，接下来让我们了解一下温度计的历史和工作原理。

最早的温度计是在1593年由意大利科学家伽利略（1564～1642）发明的。他的第一只温度计是一根一端敞口的玻璃管，另一端带有核桃大的玻璃泡。使用时先给玻璃泡加热，然后把玻璃管插入水中。随着温度的变化，玻璃管中的水面就会上下移动，根据移动的多少就可以判定温度的变化和温度的高低。温度计有热胀冷缩的作用，所以这种温度计，受外界大气压强等环境因素的影响较大，因此，测量误差较大。

后来伽利略的学生和其他科学家，在这个基础上反复改进，如把玻璃管倒过来，把液体放在管内，把玻璃管封闭等。比较突出的是法国人布利奥在1659年制造的温度计。他把玻璃泡的体积缩小，并把测温物质改为水银，这样的温度计已具备了现在温度计的雏形。以后荷兰人华伦海特在1709年利用酒精，在1714年又利用水银作为测量物质，制造了更精确的温度计。他观察了水的沸腾温度、水和冰混合时的温度、盐水和冰混合时的温度。经过反复实验与核准，最后把一定浓度的盐水凝固时的温度定为0 ℉，把纯水凝固时的温度定为32 ℉，把标准大气压下水沸腾的温度定为212 ℉，用℉代表华氏温度，这就是华氏温

拓展阅读

伽利略·伽利雷

伽利略·伽利雷，意大利物理学家、天文学家和数学家，近代实验科学的先驱者。其成就包括改进望远镜和其所带来的天文观测，以及支持哥白尼的日心说。当时，人们争相传颂："哥伦布发现了新大陆，伽利略发现了新宇宙"。今天，史蒂芬·霍金说："自然科学的诞生要归功于伽利略，他这方面的功劳大概无人能及。"

度计。

在华氏温度计出现的同时，法国人列缪尔（1683～1757）也设计制造了一种温度计。他认为水银的膨胀系数太小，不宜做测温物质。他专心研究用酒精作为测温物质的优点。他反复实践发现，含有1/5水的酒精，在水的结冰温度和沸腾温度之间，其体积的膨胀是从1000个体积单位增大到1080个体积单位。因此他把冰点和沸点之间分成80份，定为自己温度计的温度分度，这就是列氏温度计。

华氏温度计制成后又经过30多年，瑞典人摄尔修斯于1742年改进了华伦海特温度计的刻度，他把水的沸点定为0℃，把水的冰点定为100℃。后来他的同事施勒默尔把两个温度点的数值又倒过来，就成了现在的百分温度，即摄氏温度，用℃表示。华氏温度与摄氏温度的关系为℉ = 1.8℃ + 32，或℃ = 1.8 * (℉ − 32)。

现在英、美国家多用华氏温度；德国多用列氏温度；而世界科技界和工农业生产中，以及我国、法国等大多数国家则多用摄氏温度。

在实验室中如何正确地使用温度计测量液体呢?

在使用温度计测量液体的温度时，正确的方法如下：

1. 先观察量程和分度值，所测液体温度不能超过量程；

2. 温度计的玻璃泡全部浸入被测的液体中，不要碰到容器底或容器壁；

3. 温度计玻璃泡浸入被测液体后要稍等一会，待温度计的示数稳定后再读数；

4. 读数时温度计的玻璃泡要继续留在液体中，视线要与温度计中液柱的上表面相平。

注意：在测温前千万不要甩。

知识小链接

温度计

温度计是测温仪器的总称，可以准确地判断和测量温度。利用固体、液体、气体受温度的影响而热胀冷缩等的现象为设计的依据。

雪　景

下面介绍一种“人造雪景”的简单制造方法。

把空铁罐头的顶盖去掉，在底铺上一层击碎了的樟脑丸。再取一根带有绿色树叶的树枝倒挂在铁罐中，然后把铁罐放在火上渐渐加热。稍过一会儿，一种奇妙的现象出现了：绿色的树叶上积起了“白雪”，树枝也被“白雪”覆盖了。这“白雪”是什么东西？它是怎样得来的呢？

樟脑丸

如果闻一下它的气味，你就会发现“白雪”原来是樟脑丸的细粒。再看一看罐底，刚才放在那里的樟脑丸碎片几乎没有了。原来这个奇妙的现象是由樟脑丸经加热变化造成的。

现在市场上供应的樟脑丸并不是用樟脑做的，而是用一种从煤焦油中提炼出来的物质——“萘”做成的。通常把这种用萘做成的樟脑丸称做卫生球。萘在常温下是一种白色固体物质，它具有升华的性质。所谓升华就是指一种固体在受热时，可以不经过液体阶段就直接变为气体的现象；反过来，当气体冷却时，它也不经过液体阶段又可直接变为固体。上面的实验现象，便是由萘的升华所造成的：当铁罐加热时，萘便气化成为蒸气；蒸气上升遇到温度较低的枝叶时，又直接冷却凝成白色固体粉末。由于这层粉末是由蒸气骤然冷凝而成的，所以非常细，看起来和雪花差不多。

萘有驱虫作用，在放衣服的箱子里放上几粒卫生球，衣服便不会被虫蛀坏。也许你曾注意到刚从箱子里取出的衣服，往往带有卫生球的气味吧，这就是因为萘的升华作用，在衣服表面上沉积有少量的萘的缘故。只因箱子里

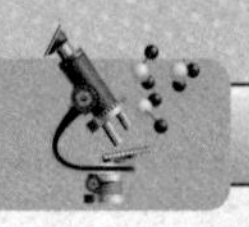

的温度比较低，萘的升华速度比较慢，沉积在衣服上的数量极少，因此只能闻到气味而不容易观察到它的存在。

萘是呈光亮的片状晶体，具有特殊气味。广泛用作制备染料、树脂、溶剂等原料，也用作驱虫剂（俗称卫生球或樟脑丸）。

萘的毒性比较大，人体会通过吸入、食入、经皮吸收等途径，中毒。其对人类的健康危害主要是：具有刺激作用，高浓度致溶血性贫血及肝、肾损害。吸入高浓度萘蒸气或粉尘时，出现眼睛及呼吸道刺激、角膜混浊、头痛、恶心、呕吐、食欲减退、腰痛、尿频、尿中出现蛋白及红白细胞；亦可发生视神经炎和视网膜炎；重者可发生中毒性脑病和肝损害。口服中毒主要引起溶血和肝、肾损害，甚至发生急性肾功能衰竭和肝坏死。若是反复接触萘蒸气，可引起头痛、乏力、恶心、呕吐和血液系统损害，可引起白内障、视神经炎和视网膜病变。皮肤接触可引起皮炎。

萘的主要来源是煤焦油。但是，从煤焦油里分离出来的萘，质量很差，总是含有不少的杂质。要使这种粗萘成为合乎一般工业使用规格的精萘，就必须进行精制。通常就是利用升华进行的：把粗萘加热到100℃左右，萘便升华成为气体，而杂质在这个温度内是不会变成气体的。然后把气体状态的萘引到较冷的空室里，使它冷凝成为固体。这种精萘的纯度可高达98.5%～99.5%。

在工业上或实验室里，我们也可用类似的方法将具有升华性质的碘、硫、有机化合物以及某些稀有金属的化合物进行提纯。

水下植物园

我们能自己动手，用化学方法，让水中长出奇草异花来，成为一个水下“植物园”，你一定感兴趣吧！

在干净的玻璃缸（或透明的玻璃杯）内，放大半缸水，再加入重量为水重1/4～1/3的硅酸钠（俗称可溶玻璃，其水溶液又称水玻璃），然后用棒搅匀。为了使这座“植物园”布置得逼真有趣，可在缸中撒入一些洗净的砂砾，使之平铺缸底。再向缸中各个位置投入几粒黄豆那样大小的硫酸铜、硫酸镍、硫酸亚钴、硫酸锌等晶体（如果没有硫酸盐，也可用含这些金属离子的其他可溶性盐类代替），待十几分钟后，在缸底砂砾中便渐渐地长出各种形状、不同颜色的枝条来。有的像树干、有的像海带、有的像珊瑚礁，真是五彩缤纷，绚丽异常。

水下世界

要问水下怎能长出这些东西来？那是化学变化的功能。因为硫酸铜、硫酸镍等都能和硅酸钠作用，生成不溶于水的有特定颜色的硅酸盐。那蓝色的枝条就是硅酸钴；翠绿色的“海带”是由硅酸镍所构成；棕红色的“珊瑚礁”是硅酸铁的特征；玻璃状无色半透明的“海草”则是锌盐、铝盐了。

拓展阅读

硫酸镍

硫酸镍，有无水物、六水物和七水物三种。商品多为六水物，有α－型和β－型两种变体，前者为蓝色四方结晶，后者为绿色单斜结晶。

那又为什么能形成各种不同的形态呢？当把上述颗粒状固体投入含有硅酸盐的水中后，固体表面开始溶解，并马上和硅酸钠作用，生成了不溶性的呈各种颜色的硅酸盐膜，膜就将硫酸盐颗粒的表面围住。由于生成的硅酸盐的膜很薄，而且膜外的硫酸盐溶液浓度比膜内稀，这样水就向浓度大的膜内渗透。结果把膜胀破，膜内的盐溶液就流出来和硅酸钠接触，又生成新的硅酸盐薄膜。这样周而复始，不断地向上生长。同时，由于各种盐类的溶解度和生长过程中的环境不完全一样，因而长成的形状也就各异。水下“植物园”就是这样形成了。

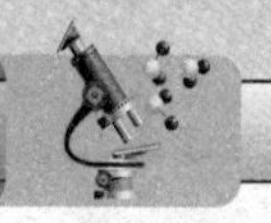

若要长期保存它，只要用虹吸方法边把硅酸钠换出，边加清水，直到硅酸钠全部换成清水为止。

利用硅酸盐的这些性质，当然不只是为了做水下“植物园”，利用它生产的各种彩色玻璃，在生产、科研和生活等方面都有着不少用处。例如炼钢工人通过工作帽子上所镶的蓝玻璃观察钢水时，就可以避免钢花耀眼的强光刺激眼睛；城市交通信号灯、水上的航标灯、机场的导航灯所用的不同颜色的玻璃罩，可用来帮助指挥车辆、轮船、飞机的安全航驶；各种光学仪器及摄影机常用它来作为有色滤光片；至于在瓷器上形成的光彩夺目、栩栩如生的彩绘，更是大家所熟悉的了。

变色管

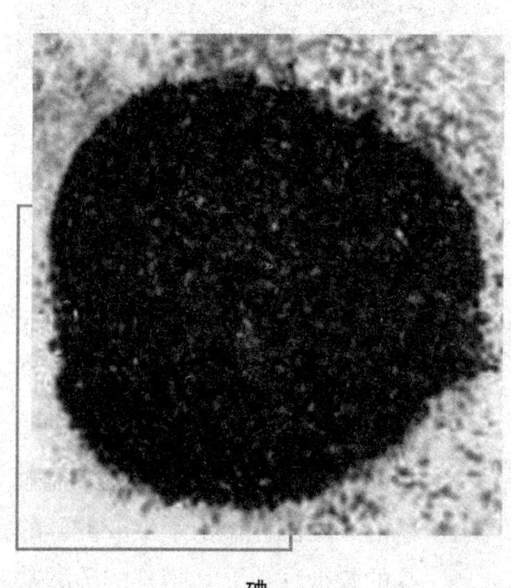

碘

1911 年，法国化学家古尔多瓦在一次实验中，发现了一种当时还未被人们认识的新物质。他把硫酸倒入由海藻类所烧成的灰时，竟出现了奇事：只见一种紫红色的蒸气向上飘升，聚成了美丽的云块，同时还闻到一阵和氯气相仿的难闻气味。最后，蒸气遇冷凝固，但并不成为液体，却直接凝结出一堆暗黑色的、有光泽的晶体。当时，古尔多瓦由于业务繁忙，无暇详细地去研究它，过两年后在朋友的帮助下，这种新物质方才得到肯定。原来它就是今天用来制造碘酒的重要原料——碘。

利用碘这种由固体直接变为气体，气体遇冷又直接变为晶体，中间并不经过液态阶段的特性，我们可以做一个有趣的变色管。

找一个打针后弃去的 5 ~ 10 毫升的安瓿（存放针药用的小玻璃管），把它

安瓿

安瓿，拉丁文 ampulla 的译音，一种密封的小瓶，是可熔封的硬质玻璃容器，常用于存放注射用的药物以及疫苗、血清等。

洗净，烘干。然后放进一粒针头大小的碘，再把这小玻璃管封闭。封闭的办法是这样的：用镊子镊住这个小玻璃管，让它在酒精灯上均匀地加热。当小管中充满了紫红色气体并且开始冒出时，立即使灯焰集中在管口处灼烧，把管口的玻璃烧软。同时，拿一根细长的玻璃棒也把它烧软，然后马上让它们接触粘住，用力一拉，抽走玻璃棒。继续灼烧，直至管口封严为止。这样，一支在温水中略为加热会变紫红色、冷到常温时却是无色的变色管便做成了。

单质碘呈紫黑色晶体，密度 4.93 克/立方厘米，相对原子质量 126.9，熔点 113.5℃，沸点 184.35℃，化合价 -1、+1、+3、+5 和 +7，电离能 10.451 电子伏特，具有金属光泽，性脆，易升华。有毒性和腐蚀性。易溶于乙醚、乙醇、氯仿和其他有机溶剂，也溶于氢碘酸和碘化钾溶液而呈深褐色。可与大部分元素直接化合，但不像其他卤素反应那样剧烈。碘的典型有机反应有：芳香族化合物的亲电子置换，形成芳基碘化物；邻近羰基官能团的碳原子的碘化作用；碘在跨越不饱和烃的多重键上的加成反应。但难溶于水，由于歧化反应的结果，所得棕黄色的溶液显酸性。在水溶液中，需要强的还原剂才能使碘还原。碘单质遇淀粉会变蓝色。

加热时，碘升华为漂亮的紫色蒸气，这种蒸气有刺激性气味。碘可以和大多数元素形成化合物，但是它不如其他卤素（F、Cl、Br）活泼，位于碘之前的卤素可以从碘化物中将碘置换出来。碘具有类似金属的特性。碘易溶解在氯仿、四氯化碳、二硫化碳等有机溶剂，并形成美丽的紫色溶液；但难溶于

四氯化碳

四氯化碳是一种无色、易挥发、不易燃的液体，具有氯仿的微甜气味。

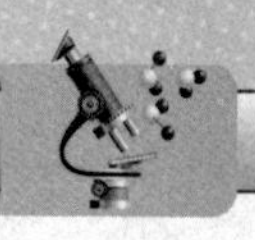

水。碘的化合物在有机化学中十分重要，另外在医药和照相方面的用途也很广泛，缺乏碘会导致甲状腺肿大。碘单质遇到淀粉会显深蓝色，这是碘的特征之一。和同族卤素气体一样，碘蒸气有毒，所以取用碘的时候，应尽量在通风橱中操作。

碘主要用于制药物、染料、碘酒、试纸和碘化合物等。碘酒就是用碘、碘化钾和乙醇制成的一种药物，棕红色的透明液体，有碘和乙醇的特殊气味。

碘是紫黑色晶体，遇热直接变为紫红色的蒸气。当加热使碘变成紫红色蒸气时，由于碘蒸气比空气重，所以让管口朝上，就能把管内的空气驱逐出去。如果在碘蒸气充满整个管子时，把管口封严，管内的空气就非常少，几乎全是碘蒸气了。离开火焰后，温度降低，碘又冷凝成粉末状的固体微粒。因为它很细小，人们的眼睛几乎看不清，因而管中的紫红色就不见了。如果再把管子加热，碘又化为蒸气，紫红色再次出现。

固体的碘受热不熔化成液体，而直接转变为气体的现象称为升华。被毒虫叮咬而红肿的皮肤涂上碘酒后，开始是较深的棕红色的，可是过不久颜色逐渐变淡，最后就消失了，这就是因为碘酒中的碘受热逐渐升华而散逸。

碘可以升华，其他很多物质（如萘、硫、氯化汞等）也有升华的性质。不过升华的速度和所需的温度条件不同而已。

利用碘的升华性质，人们设计了碘钨灯。它不仅比普通灯泡亮得多，而且使用寿命也长。这是因为碘钨灯的构造和普通白炽灯有所不同。在碘钨灯的灯管中除了充有氩气外，还加入了适量的碘。而且这种灯管是在较大的电流强度和较高温度下工作的，所以亮度很高。此时钨虽更易升华，但由于有碘存在，升华的钨立刻和碘化合成碘化钨，碘化钨以气体形态扩散到温度很高的灯丝上后，

碘钨灯

碘钨灯的原理类似于白炽灯，只是它里面充入碘蒸气。碘蒸气有个性质就是在低温（相对的）与钨化合，在高温与其分解。这样，就把位于灯管其他部分的，已经升华走的钨化合掉，再在灯丝上分解，这样就让灯丝不会因为高温而快速烧毁。

又被分解成碘和钨。由于新生成的钨沉积在灯丝上，补充了钨丝因升华而造成的消耗，所以灯管能在这样高的温度下较长时间工作而不损坏。一支像铅笔那样粗的碘钨灯其亮度却相当于1000～2000瓦的白炽灯。

还有一个小实验，可以证明碘的存在和它的变色功能。

【实验用品】玻璃筒或量筒（100毫升或250毫升）、硬纸条、碘粒、淀粉液。

【实验步骤】

1. 在玻璃筒中放入米粒大的一粒碘，放置一分钟后，翻转玻璃筒将碘粒倒掉，碘蒸气的大部分也倒掉了，从外观上看不出玻璃筒有任何有色的迹象。

2. 在一张长的硬纸条上，用玻璃棒画若干个湿润的淀粉圈，竖直插入玻璃筒内。几秒钟后，淀粉圈由下而上逐个变成蓝色。这既是碘分子存在的检验方法，也是学生课外兴趣实验的好内容。

【实验分析】

本实验灵敏度很高。装过碘粒的玻璃筒，经多次翻倒（但千万不能用嘴吹），肉眼观察不到有任何碘的痕迹，均有很好的效果。

天知地知我知

大气、水、植物、动物、土壤、岩石矿物、太阳辐射等，这些是人类赖以生存的物质基础。通常把这些因素划分为大气圈、水圈、生物圈、土壤圈、岩石圈等五个自然圈。人类是自然的产物，而人类的活动又影响着自然环境。

火山喷发

火山喷发是地球内部高温的熔融态岩浆及气体在地壳比较脆弱的地方（如发生裂缝）冲出地面的现象。我国不是多火山地带，因而看到火山喷发的机会是很少的。但若要观察一下类似火山喷发时产生气体、液体及固体物质的喷射现象却是很方便的。

火山喷发

取3~5克重铬酸铵固体（用粉末状的氯化铵和重铬酸钾按重量比4∶1混合亦可），放在蒸发皿（或铁片）中，用小火加热。当固体受热达到一定温度时，就突然分解成氮气、水和绿色固态三氧化二铬。

基本小知识

三氧化二铬

三氧化二铬，浅绿至深绿色细小六方结晶。灼热时变棕色，冷后仍变为绿色。结晶体极硬，极稳定，即使在红热下通入氢气亦无变化。溶于加热的溴酸钾溶液，微溶于酸类和碱类，几乎不溶于水、乙醇和丙酮。它的相对密度5.22，熔点约2435℃，沸点约4000℃，有刺激性。

在分解的刹那间，由于产生大量高温的气体，压力骤增，因而把分解产物向上方喷射，犹如火山喷发。

利用这个化学反应，还可进行化学反应前后总重量不变的演示实验。它可以这样做：找一个小气球，先用嘴（或打气筒）把气球吹大，再让它收缩。这样反复几次，一方面检查气球是否漏气；另一方面可使气球皮膜松弛，便于实验时收贮气体。再找一根钢笔杆粗细的小试管（如果没有，可用大试管配以橡皮塞和导管代替），在试管中放入米粒大小的重铬酸铵3～5粒（不要多放），把气球捏瘪，排掉其中的空气，小心地套在试管上。准备妥当后，放在天平上称重。做实验时，将试管在小火焰上加热，不久就看到前面所述的现象，瘪的气球也鼓了起来，说明重铬酸钾已经分解，产生了气体及其他物质。待到反应结束，温度下降后，再放在天平上称重，发现反应前后重量并未有明显的变化。

化学反应前后总重量不变，这是人们经过无数次的实践所总结出来的规律。在化学反应中，参加反应前各物质的质量总和等于反应后生成各物质的质量总和，这个规律就叫做质量守恒定律。它是自然界普遍存在的基本定律之一。

在任何与周围隔绝的物质系统（孤立系统）中，不论发生何种变化或过程，其总质量保持不变。18世纪时，法国化学家拉瓦锡从实验上推翻了燃素说之后，这一定律始得公认。20世纪初以来，发现高速运动物体的质量随其运动速度而变化，又发现实物和场可以互相转化，因而应按质能关系考虑场的质量。质量概念的发展使质量守恒原理也有了新的发展，质量守恒和能量守恒两条定律通过质能关系合并为一条守恒定律，即质量和能量守恒定律。

质量守恒定律在19世纪末做了最后一次检验，那时候的精密测量技术已经高度发达。结果表明，在任何化学反应中质量都不会发生变化（哪怕是最微小的）。例如，把糖溶解在水里，则溶液的质量将严格地等于糖的质量和水的质量之和。实验证明，物体的质量具有不变性。不论如何分割或溶解，质量始终不变，在任何化学反应中质量也保持不变。燃烧前碳的质量与燃烧时空气中消耗的氧的质量之和准确地等于燃烧后所生成物质的质量。

质量守恒定律它对科学研究和生产极为重要。如在化工生产中，人们运用这个规律，就可以根据投入生产的原料的总重量，核算出产物应有的重量。如果反应后产物的重量明显低于核算的重量，这就说明，在生产过程中一定存在问题，从而促使人们去发现问题，对生产技术作进一步改进。

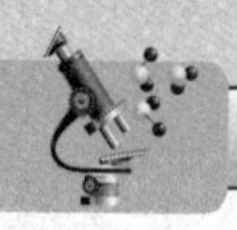

探秘奇峰异洞

张公洞

你若到过江苏宜兴的善卷洞和张公洞，一定会被洞中的奇妙景色所吸引吧。瞧那耸立在洞口的巨石，那挺拔的擎天石柱以及形形色色的嶙峋怪石……这一切，也许会引起无数游客的遐想：是谁巧夺天工为我们留下这一令人神往的游览胜地的呢？说来，你也许不会相信，这一切并非哪个能工巧匠之杰作，而是大自然（岩石、大气、水、阳光等）的力量长年累月铸成的佳品。

善卷洞

善卷洞是著名石灰岩溶奇洞、宜兴“三奇”之首，位于宜兴城西南约25千米的祝陵村螺岩山上，面积约为5000平方米，长约800米，全洞分上中下后四洞组成，洞洞奇异而相通。最奇的是下洞和水洞，水洞长120米，游人多以洞中泛舟为一乐事。进入洞中，宛如进入一座地下宫殿。入口在中洞，中洞的狮象大场是一个面积达1000平方米的天然大石厅。高达7米的钟乳石笋兀立洞口，名砥柱峰。

让我们通过下述实验，来了解其科学道理吧！

取一只大茶杯，将少量熟石灰即氢氧化钙［$Ca(OH)_2$］溶在水中，静置片刻，其中还没有溶解的熟石灰便沉积在杯底。因此杯中分成为两层：上层是跟水一样清澈的石灰水，其中含有已经溶解的氢氧化钙；下层是石灰乳，呈浑浊状态。把上层清澈的石灰水小心地倾倒在另一只杯里，然后通过一支玻璃管（也可以用一根麦秆代替）往石灰水里吹气。由于人体内呼出的气体含有二氧化碳，因此石灰水就和它作用而变得浑浊。那些白色的固态细粒，就是反应所生成的碳酸钙沉淀。

如果我们继续往浑浊的石灰水里吹气，不久，它又变得澄清了。这是由于二氧化碳与碳酸钙起作用，生成可溶解于水的碳酸氢钙，因此浑浊液将随着沉淀的溶解而变得澄清。如果把这种澄清液加热，碳酸氢钙又转变为不溶的碳酸钙，于是溶液又重新变浊。

这个实验中，主要的化学材料是石灰石。

石灰和石灰石大量用做建筑材料，也是许多工业的重要原料。石灰石可直接加工成石料和烧制成生石灰。石灰有生石灰和熟石灰。生石灰的主要成分是 CaO，一般呈块状，纯的为白色，含有杂质时为淡灰色或淡黄色。生石灰吸潮或加水就成为消石灰，消石灰也叫熟石灰，它的主要成分是$Ca(OH)_2$。熟石灰经调配成石灰浆、石灰膏、石灰砂浆等，用作涂装材料和砖瓦粘合剂。水泥是由石灰石和粘土等混合，经高温煅烧制得。玻璃由石灰石、石英砂、纯碱等混合，经高温熔融制得。炼铁用石灰石作熔剂，除去脉石。炼钢用生石灰做造渣材料，除去硫、磷等有害杂质。电石（主要成分是 CaC_2）是生石灰与焦炭在电炉里反应制得。纯碱是用石灰石、食盐、氨等原料经过多步反应制得（索尔维法）。利用消石灰和纯碱反应制成烧碱（苛化法）。利用纯净的消石灰和氯气反应制得漂白剂。利用石灰石的化学加工制成氯化钙、硝酸钙、亚硫酸钙等重要钙盐。消石灰能除去水的暂时硬性，用作硬水软化剂。石灰石燃烧加工制成较纯的粉状碳酸钙，用做橡胶、塑料、纸张、牙膏、化妆品等的填充料。石灰与烧碱制成的碱石灰，用作二氧化碳的吸收剂。生石灰用作干燥剂和消毒剂。农业上，用生石灰配制石灰硫黄合剂、波尔多液等农药。土壤中施用熟石

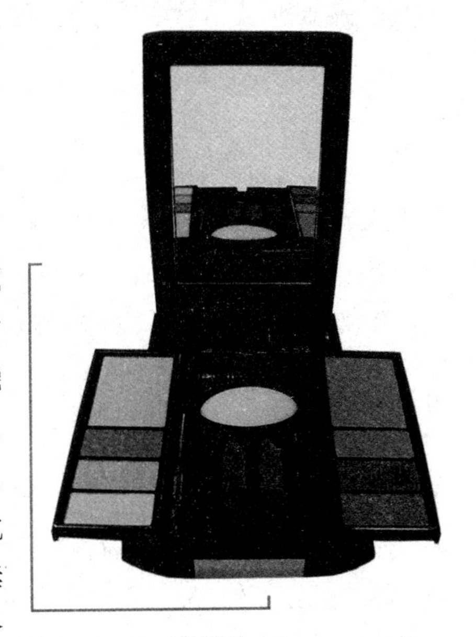

化妆品

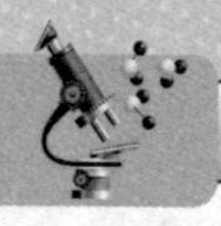

灰可中和土壤的酸性、改善土壤的结构、供给植物所需的钙素。用石灰浆刷树干，可保护树木。

知识小链接

消石灰

消石灰，又名氢氧化钙，是一种白色粉末状固体。氢氧化钙具有碱的通性，是一种强碱。

石灰石是水泥工业的粮食，是水泥生产的命脉。水泥厂只要生产，就一刻离不开石灰石，谁占有了石灰石资源，谁就占有了水泥工业的发展。目前，我国水泥企业争夺市场之战，也可以说是争夺石灰石资源之战。因此，大企业集团把占有优势石灰石资源作为实现自身发展的战略措施之一。

拓展阅读

橡胶

橡胶分为天然橡胶和合成橡胶。天然橡胶主要来源于三叶橡胶树，当这种橡胶树的表皮被割开时，就会流出乳白色的汁液，称为胶乳。胶乳经凝聚、洗涤、成型、干燥即得天然橡胶。

1. 石灰石是用途极广的宝贵资源。石灰石是石灰岩作为矿物原料的商品名称。石灰岩在人类文明史上，以其在自然界中分布广、易于获取的特点而被广泛应用。作为重要的建筑材料有着悠久的开采历史，在现代工业中，石灰石是制造水泥、石灰、电石的主要原料，是冶金工业中不可缺少的熔剂灰岩。优质石灰石经超细粉磨后，被广泛应用于造纸、橡胶、油漆、涂料、医药、化妆品、饲料、密封、粘结、抛光等产品的制造中。据不完全统计，水泥生产消耗的石灰石和建筑石料、石灰生产、冶金熔剂、超细碳酸钙消耗石灰石的总和之比为1∶3。石灰岩是不可再生资源，随着科学技术的不断进步和纳米技术的发展，石灰石的应用领域还将进一步拓宽。

2. 我国是世界上石灰岩矿资源丰富的国家之一。除上海、香港、澳门外，在各省、直辖市、自治区均有分布。据原国家建材局地质中心统计，全国石灰岩分布面积达43.8万平方千米，约占国土面积的1/20，其中能供做水泥原料的石灰岩资源量约占总资源量的1/4～1/3。为了满足环境保护、生态平衡，防止水土流失，风景旅游等方面的需要，特别是随着我国小城镇建设规划的不断完善和落实，可供水泥石灰岩的开采量还将减少。

在大自然里，许多石灰岩地带（主要成分是石灰石），就是由于这个原因而形成了奇峰异洞、危崖怪石以及钟乳石、石笋和石柱等。宜兴的善卷洞、张公洞以及“山水甲天下”的广西桂林，“天下第一奇观”的云南省“石林”等地的风光，就是因为山上的石灰石与含二氧化碳的水作用而溶解，当流到山下，温度升高时又析出碳酸钙，经过长期沉积而成的。有人估计，善卷洞口的巨石已经历了3.5万年的不断变迁，才成为今天我们看到的7米高的巨石（每50年才增高1厘米）。

云南石林

这种现象在日常生活中也经常碰到：例如新粉刷的墙壁并不洁白，甚至带点灰黄色，但是过了几天，石灰浆全部变成碳酸钙，就白如霜雪了。在新建的房子里，如果安置一盆炭火，这样就可以增加空气中的二氧化碳，从而加快它与石灰浆里的氢氧化钙作用，生成坚固的碳酸钙。家里用的烧水壶，壶底常结上一层垢，这是因为自来水中含有碳酸氢钙、碳酸氢镁等，锅垢的某些成分就是它们在加热时的分解产物。工业生产中，常用锅炉产生蒸汽，故锅炉用水需要预先除去钙、镁等离子（常用阳离子交换法），否则生成的锅垢不仅阻碍传热，多耗燃料；而且还会造成局部过热，损害锅炉，甚至使锅炉壁发生裂缝，引起爆炸。

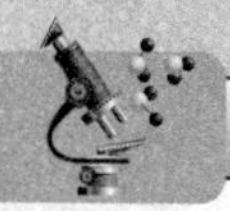

知识小链接

碳酸氢镁

碳酸氢镁可溶于水中，不是沉淀。

“气笔”写字

笔墨纸砚是我国古代劳动人民的重要发明。其中毛笔的出现，又远比纸张早。从相传的毛笔发明人——秦朝蒙恬的年代算起，距离今天已经有两千多年的历史了。至于钢笔、铅笔和圆珠笔等，都是后来才发明的。

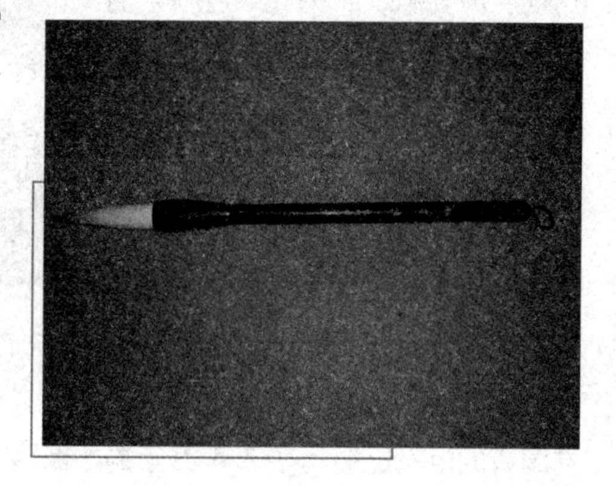

毛 笔

在这个实验里，我们所用的是一种“气笔”。

取一支试管，并配好一只附有导管和尖嘴玻璃管的橡皮塞（或软木塞）。在试管里放上像蚕豆大小的硫化亚铁6~7块。另外，在一支试管里，准备5~6毫升浓度约为20%的稀硫酸。

再取硝酸铅、三氯化锑和硫酸镉各约半小匙（大约相当于2~3粒黄豆大小），分别放在三支试管中，各滴入1~2毫升清水，使它们溶解成为无色的溶液。（注意：用水来溶解三氯化锑时，必须先加入浓盐酸才能得到无色透明的溶液。）

然后，用三支洁净的毛笔分别蘸取这三种无色溶液在纸上写字。如果不是细心观察，看不出那白纸上有什么字迹。

如用“气笔”写字，开始时只要把稀硫酸倒在那支盛有硫化亚铁颗粒的试管中，并迅速塞上事前准备好的、附有尖嘴玻璃管的橡皮塞即可。这时只见管内反应激烈，有大量的气泡生成。这样，一支“气笔”就装置成了。把“气笔”的尖嘴玻璃管对着刚才在纸上写好而尚未干透的字喷气，白纸上就立刻出现黑、橙、黄三种不同颜色的字迹。如果把字改成图画，将会更加有趣。

用“气笔”写字，实际上是利用某些溶液和气体发生化学反应，能生成有色物质的原理来实现的。

“气笔”里的反应，是硫化亚铁与稀硫酸的复分解反应，反应结果生成了硫化氢气体。

硫化氢具有腐蛋的臭味，并有剧毒。所以这个实验必须在室外或通风处进行，制取的量也不宜过多。硫化氢有个特点：它能和许多种金属盐类的溶液发生作用，并生成各种不同颜色的金属硫化物。用“气笔”往附着在纸上的溶液喷气，无色的硝酸铅、三氯化锑和硫酸镉就会分别变成黑色的硫化铅、橙色的硫化锑和黄色的硫化镉。所以，在白纸上分别出现了三种颜色的字迹。

拓展阅读

三氯化锑

三氯化锑，无色结晶，易潮解，100℃时升华，在空气中发烟，溶于乙醇、乙醚、苯、二硫化碳、氯仿、丙酮、二氧六环和四氯化碳，不溶于吡啶、喹啉和其他有机碱类。25℃时，三氯化锑容易溶于水中，并逐渐水解生成氧氯化锑。相对密度（水＝1）3.14，熔点73℃，沸点223.5℃，低毒，半数致死量（大鼠，经口）525 mg/kg，有腐蚀性。

由于硫化氢能和多种金属盐类的溶液发生作用，生成的各种金属硫化物大多数又不溶于水，并且具有特征的颜色。所以在化学分析上，常用以鉴别某种金属离子。

除了气笔能写字之外，还有一种“神火”，一样可以以无形对有形神奇般地写字。

【实验用品】酒精灯、玻璃棒、白纸、1:5 硫酸。

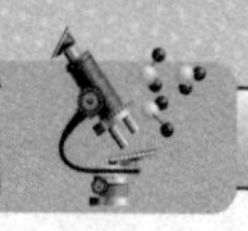

【实验步骤】

1. 用玻璃棒蘸1∶5硫酸在纸上写几个字。

2. 把纸平放在酒精灯火焰上来回移动烘烤（注意不要把纸烧着），一会儿，纸上清楚地显示所写的字迹。

【实验分析】

稀硫酸在火烘烤下，水分蒸发，变成浓硫酸。浓硫酸有脱水作用。纸的化学成分是纤维素（$C_6H_{10}O_5$）$_n$。浓硫酸把纸中的氢和氧按2∶1的比例从纸中夺走，剩下碳，所以用稀硫酸写字的地方就变成黑色。

无色印泥

和印章并用的印泥，一般都是红颜色的。这里介绍一种无色的印泥，它盖在纸上却会出现颜色。

先把氯化铁溶液（浓度约为10%）均匀地涂在一张白纸上，让它干燥。在这张纸上几乎不染有什么颜色。

取一个空的清凉油盒，洗涤干净。再把一张吸水纸折叠4~5层，放在盒中。然后注入少许水杨酸钠或水杨酸溶液（浓度约为10%），直到吸水纸湿透时为止（水杨酸和酚酞一样很难溶在水里，在配制溶液时，必须先用酒精来溶解，然后用水稀释）。这样，没有颜色的印泥就制成了。

把图章揩净，在无色的印泥里按一下，然后在那张事先准备好的纸上盖印。这时，奇怪的现象出现了，无色的图章盖在无色的纸上，竟会马上出现紫色的字迹来。

如果在白纸上改涂氢氧化钠溶液（浓度约10%），印泥盒中的吸水纸也改用酚酞溶液（浓

拓展阅读

印泥

印泥是我国特有的文房之宝，无论是文件签署，还是历史文物以及金石书画之钤记，都需要使用。

度约为 0.1%）来润湿，所制得的纸张和印泥同样是无色的，但盖得的印却是红色的。

印 泥

这些由两种无色的物质相互作用，生成了有色的物质的现象，是常常可以遇到的。

因为氯化铁溶液和水杨酸钠（或水杨酸）溶液相遇后，立即发生反应，生成了紫色的水杨酸铁，所以盖印后就马上在纸上出现紫色。这个变色反应是水杨酸钠和水杨酸所具有的特殊性质，因而成为检验它们是否存在的有效方法。

酚酞遇碱会呈现出红色，它是检验物质的碱性所常用的试剂。用酚酞溶液湿润过的图章在涂有氢氧化钠溶液的纸上盖印，纸上就留下红色的字迹了。

基本小知识

水杨酸钠

水杨酸钠，白色鳞片或粉末，无气味，久露光线中变粉红色。溶于水、甘油，不溶于醚、氯仿、苯等有机溶剂。遇火可燃。它主要用于止痛药和风湿药，也用作有机合成。它由水杨酸用碱中和结晶而得。

茶变墨水

为什么蓝黑墨水刚写出来的字是蓝色的，而过了几天以后却变成蓝黑色了呢？做一做下面的两个实验，对于了解墨水的成分和性质将会有不少的帮助。

在小瓷碗内放半匙硫酸铁（三价的铁盐），再加入 3 毫升左右的水，使它溶解，然后加入 3 毫升鞣酸溶液（浓度为 10%）。这时，我们可以观察到，在碗里生成了不溶性的、黑色的沉淀物——鞣酸铁。

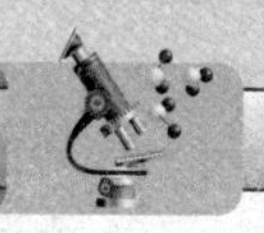

如果用硫酸亚铁（二价的铁盐）与鞣酸作用，现象可大不相同了。先取三只小铁钉，用砂纸擦去表面上的铁锈，然后把它们放进玻璃试管中，再加入5毫升稀硫酸溶液（把1体积浓硫酸慢慢倾入4体积的水中配成）。为了加速反应的进行，可适当加热。反应完毕后，上层清液就是硫酸亚铁溶液。取3毫升刚制得的硫酸亚铁溶液放在小瓷碗里，并迅速加入鞣酸溶液3毫升。由于生成的鞣酸亚铁是无色的和可溶的，因此整个反应过程没有明显的现象发生，仍旧像原来的状态。如果把这个溶液放置2～3天，鞣酸亚铁因为被空气中的氧所氧化，变成为黑色的鞣酸铁了。于是这个溶液里就会析出黑色的沉淀来。

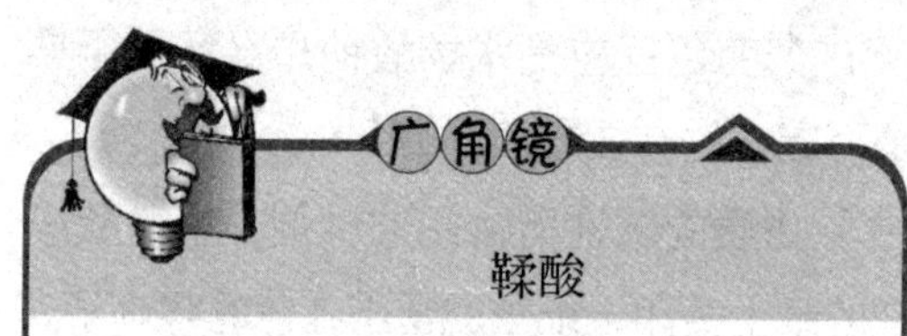

鞣酸

鞣酸系是从五倍子中得到的一种鞣质，为黄色或淡棕色轻质无晶性粉末或鳞片，有特异微臭，味极涩。它溶于水及乙醇，易溶于甘油，几乎不溶于乙醚、氯仿或苯。

从这两个实验可以知道：鞣酸铁是不溶性的物质，在水中就已经成为沉淀状态。这些沉淀物十分容易使钢笔的流水管子塞住，所以不能用鞣酸铁来配制墨水。而鞣酸亚铁却不同，它是清液，容易书写，并且用它写下的字迹，因为其中的鞣酸亚铁会与空气中的氧气慢慢作用变成为黑色，这种变黑的字迹很不容易褪掉，所以它才是制造墨水的理想原料。虽然在普通的蓝黑墨水里，主要是鞣酸亚铁溶液，但它却是无色的。为了能清楚地进行书写，还必须加入蓝色染料——可溶性靛蓝，使墨水成为蓝色。用这种墨水所写出的字迹，开始时是蓝色的，可是时间一长，里面所含的鞣酸亚铁氧化成为鞣酸铁以后，就会变为经久不褪的蓝黑色了。

懂得了墨水变黑的道理以后，我们就应该知道，使用蓝黑墨水时，不能长期使墨水暴露在空气中，否则墨水就会变质，产生沉淀而不能使用。

根据墨水变黑的原理，我们就可以做一个茶变墨水的实验。

茶叶里不仅含有茶素、茶精油等物质，而且还含有不少鞣酸。

用50毫升水溶解7克左右的绿矾（带有结晶水的硫酸亚铁），配成溶液。再用棉花或干净的纸团蘸取溶液涂在茶杯内壁上，这时杯壁并不呈现什么颜色。过一会，把浓茶（取茶叶2匙加在100毫升沸水中煮沸即成）倾入杯中的时候，茶汁立刻变成了黑色的墨水。

原来，绿矾的溶液（杯壁上）暴露在空气中，二价的亚铁会被空气中的氧气氧化成三价的铁。三价的铁一旦遇到茶里的鞣酸，就马上发生反应，生成鞣酸铁。于是，茶就变成墨水了。当然，这种生成了黑色沉淀的墨水是不能使用的。

不用刀的雕刻

在温度计、量筒等玻璃仪器上，往往刻有道道清晰的刻度。你知道这是怎样刻出来的吗？不妨先来动手做一做下面的实验。

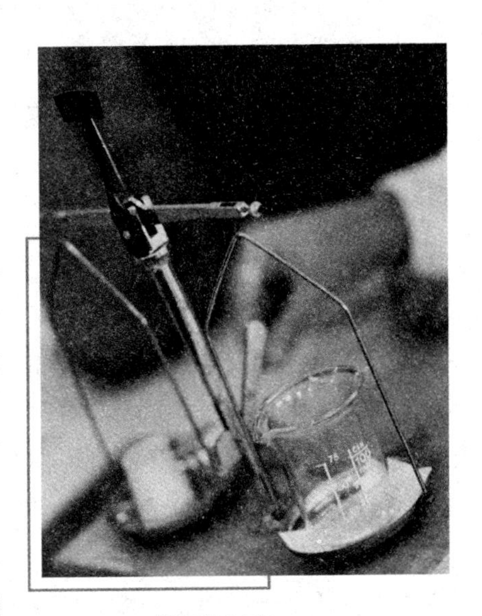
烧杯的刻度

找半手掌大小的白铁片（即镀锌铁皮）一块，将它的表面擦干净，然后用毛笔涂上一层熔化的石蜡，蜡层要尽量涂得薄而均匀。等到铁片上的石蜡凝固后，就可以用针笔或大号的针在上面画画。刻下的线条要深，要让铁片露出。但必须注意，不能使大片的石蜡破碎。刻好以后，小心地把蜡屑除去，再把铁片放在稀盐酸（1 体积浓盐酸加 5 体积水）中，约浸 5 分钟后取出，用水冲洗干净。最后把铁片上的石蜡刮去或者加热让它熔化流走，铁片上就留有凹下去的画迹了。这种雕刻比用刀子一刀一刀地刻省力和省时得多。

这种雕刻的道理很简单，只不过是利用一种腐蚀作用罢了。稀盐酸和石蜡不会发生什么作用，因此铁片上被石蜡遮盖的部分就受到保护。只是在石蜡被针划破的地方，因为露出的锌、铁与稀盐酸在接触时，发生了化学反应。这样，没有蜡遮盖的部分，就产生明显的凹陷。玻璃仪器上的刻度，就是利用某种化学药品的腐蚀性加工出来的。它的制作过程大致和上面的实验相同，

拓展阅读

石蜡

石蜡是从石油、页岩油或其他沥青矿物油的某些馏出物中提取出来的一种烃类蜡，为白色或淡黄色半透明物，具有相当明显的晶体结构。另有人造石蜡。

也是先在玻璃制品的表面涂上一层石蜡，再用针或刀在上面刻，最后用酸液进行腐蚀。只是因为盐酸对玻璃不起作用，所以改用专门“啃”玻璃的氢氟酸来腐蚀。

目前广泛应用于仪表、半导体收音机上的印刷电路板，也是以化学腐蚀法来生产的。先拿一块已经贴好铜箔的胶木板，在铜箔的一面按电路的图形印上一层保护层。然后把板放入三氯化铁溶液中，这时未被保护的那部分铜就与三氯化铁作用而被腐蚀掉。涂有保护层的部分，因没有与三氯化铁接触，所以不发生什么变化。最后只要把保护层用碱液洗去，就可以得到一块块线条清晰的印刷电路板。

此外，化学腐蚀的方法，还广泛地应用在腐蚀各种金属。例如：印刷厂里用来印制图画、照片或图表等的铜版、锌版，就是根据化学腐蚀这个原理制成的。

有利就有弊，腐蚀还有其可怕的一面。

就腐蚀的类型可分为湿腐蚀和干腐蚀两类。湿腐蚀指金属在有水存在下的腐蚀；干腐蚀则指在无液态水存在下的干气体中的腐蚀。由于大气中普遍含有水，化工生产中也经常处理各种水溶液，因此湿腐蚀是最常见的，但高温操作时干腐蚀造成的危害也不容忽视。

湿腐蚀是金属在水溶液中的腐蚀，是一种电化学反应。在金属表面形成一个阳极和阴极区隔离的腐蚀电池，金属在溶液中失去电子，变成带正电的离子，这是一个氧化过程，即阳极过程。与此同时，在接触水溶液的金属表面，电子有

电路板

大量机会被溶液中的某种物质中和，中和电子的过程是还原过程，即阴极过程。常见的阴极过程有氧被还原、氢气释放、氧化剂被还原和贵金属沉积等。

随着腐蚀过程的进行，在多数情况下，阴极或阳极过程会受到阻滞而变慢，这个现象称为极化，金属的腐蚀随极化而减缓。

拓展阅读

贵金属

贵金属主要指金、银和铂族金属（钌、铑、钯、锇、铱、铂）等8种金属元素。这些金属大多数拥有美丽的色泽，对化学药品的抵抗力相当大，在一般条件下不易引起化学反应。

干腐蚀一般指在高温气体中发生的腐蚀，常见的是高温氧化。在高温气体中，金属表面产生一层氧化膜，膜的性质和生长规律决定金属的耐腐蚀性。膜的生长规律可分为直线规律、抛物线规律和对数规律。直线规律的氧化最危险，因为金属失重随时间以恒速上升。抛物线和对数的规律是氧化速度随膜厚增长而下降，较安全。如铝在常温氧化遵循对数规律，几天后膜的生长就停止，因此它有良好的耐大气氧化性。

腐蚀的形态可分为均匀腐蚀和局部腐蚀两种。在化工生产中，后者的危害更严重。

均匀腐蚀是指腐蚀发生在金属表面的全部或大部，也称全面腐蚀。多数情况下，金属表面会生成保护性的腐蚀产物膜，使腐蚀变慢。有些金属，如钢铁在盐酸中，不产生膜而迅速溶解。通常用平均腐蚀率（即材料厚度每年损失若干毫米）作为衡量均匀腐蚀的程度，也作为选材的原则。一般年腐蚀率小于1~1.5毫米，可认为合用（有合理的使用寿命）。

局部腐蚀是指腐蚀只发生在金属表面的局部。其危害性比均匀腐蚀严重得多，它约占化工机械腐蚀破坏总数的70%，而且可能是突发性和灾难性的，会引起爆炸、火灾等事故。

下雨了

在一试管“清水”里，只要投入一小粒“雹”，就足以把整个试管的水“冻”结成“冰”。下面就来介绍这样一个实验。

知识小链接

雹

雹是空中水蒸气遇冷结成的冰粒或冰块，常在夏季随暴雨下降。

在一只干净的大试管里，注入约1/4体积的冷水，慢慢地加入十水硫酸钠晶体，用棒不断搅拌，加到晶体不能再溶为止。然后再多加一些晶体，使十水硫酸钠的重量与水的重量之比约等于7:5。加微热使它全部溶解。最后，在管口松松地塞上一团棉花，防止灰尘和杂质落入管中，静置冷却。这个步骤如果做得正确，试管里的溶液直到冷透也不会有晶体析出。

溶液冷却20~30分钟以后，小心地拿去管口上的棉花，投入一颗像米粒大小的硫酸钠晶体，管中立刻出现针状晶体。接着，以硫酸钠晶体下沉时所经过的迹线为轴心，结晶过程向周围迅速发展。一转眼功夫，试管里的液体就全部凝结成“冰”，好像天气突然冷到零下若干度似的。

原来，这里结的并不是什么冰，只不过是硫酸钠的晶体罢了。可是，为什么投入那么小的一粒硫酸钠以后，就立即引起了大量的晶体析出呢？

因为硫酸钠晶体溶解的数量是与温度密切相关的，温度越高，溶量就越多。如果在冷水里已经溶解了足量的硫酸钠，再借加热的方法使它多溶解一些，那么在冷却时，溶液里硫酸钠的数量显然已经超出了它原来所溶解的数量。这时的溶液叫做过饱和溶液。一般说来，过饱和溶液应该结出晶体来，但由于这支试管里的溶液冷却得很慢，而且溶液里没有与晶体形状相似的固体存在，硫酸钠就好像没有立足点的飞鸟那样，只好继续飘游而不成晶体析出。如果在这个过饱和溶液里投入一小粒硫酸钠晶体，那么全部过量的硫酸钠，便迅速地沉积在这一粒晶体所分离出来的质点上，结成晶体。这就是“一雹成冰”的道理。

不过，既然在管中能结晶的只是那过量的硫酸钠，可是为什么看起来却像是整个溶液都已结晶一样呢?

这是由于结晶的时候，过量的硫酸钠在质点上的沉积作用是扩散的，而且十分容易扩散到整个溶液。同时，因为硫酸钠晶体非常细小，它均匀地分布在整个溶液区域里，所以很难看出试管里还有溶液存在。实际上管中还是有液体存在的。如果我们把试管摇荡几下，晶体便会下沉，那些液体就会露出来。

在生产上，如果需要由溶液析出晶体，一般都设法避免晶体从过饱和溶液中突然地大量析出，因为这样析出的晶体过分细小，不便于下一工序如过滤、分离、干燥的进行。因此，一般都是在溶液达到饱和的时候，加入大量晶种（经过研磨的非常细小的晶体），同时进行适当的搅拌。这样，当溶液冷却的时候（或是溶剂继续蒸发的时候），溶质就可以从容地、均衡地沉析在这些晶种上，成为较大的晶体。

自然界里也有类似过饱和的现象，例如某些含水气的云层，当它向上升而冷却的时候（例如，冷到零下5℃以下），按照温度和它所含的水量应当有冰晶析出，但由于云层里没有结晶核心，所以它所含的水气只是处于过冷状态，而没有析出冰晶。根据从过饱和溶液析出晶体的原理，我们可以人为地使云层降雨。降雨的方法是用飞机或其他方式在这个云层里撒布烟状的碘化银。碘化银的晶体和冰晶相

拓展阅读

碘化银

碘化银，浅黄色无定形粉末或六方、立方结晶。无气味，遇空气与光逐渐变为黑色。能缓慢地与沸的浓酸反应，而不与热的氢氧化碱溶液反应。它易溶于氰化碱和碘化碱溶液，溶于浓的氢碘酸、溴化碱、氯化碱、硫氰酸碱、硫代硫酸碱、硝酸汞和硝酸银溶液，几乎不溶于水、氢碘酸以外的酸和碳酸铵溶液。

仿，可以充当结晶核心，使过冷的水气凝集在它的上面而成为冰晶，像滚雪球一样，冰晶越长越大，等到它大到空气支持不住的时候，就落了下来。在下降过程中，因为气温逐渐升高，它就融化成雨水了。

人工降雨有多种方法，用碘化银是其中一种行之有效的方法。

化学镀

想在金属表面镀上一层其他金属，大家都很熟悉，可以用电镀法。但还有一种不同于电镀的工艺，叫化学镀。

化学镀是一种新型的金属表面处理技术，该技术以其工艺简便、节能、环保而日益受到人们的关注。化学镀使用范围很广，镀层均匀、装饰性好。在防护性能方面，能提高产品的耐蚀性和使用寿命；在功能性方面，能提高加工件的耐磨性、导电性、润滑性能等特殊功能，因而成为全世界表面处理技术的一个发展。化学镀技术是在金属的催化作用下，通过可控制的氧化还原反应产生金属的沉积过程。与电镀相比，化学镀技术具有镀层均匀、针孔小、不需直流电源设备 、能在非导体上沉积和具有某些特殊性能等特点。另外，由于化学镀技术废液排放少，对环境污染小以及成本较低，在许多领域已逐步取代电镀，成为一种环保型的表面处理工艺。目前，化学镀技术已在电子、阀门制造、机械、石油化工、汽车、航空航天等工业中得到广泛的应用。化学镀不仅能将金属镀到金属制品上，而且也能把金属镀到非金属（如玻璃和塑料等）上。

此外，化学镀在工作的时候不用耗电，完全是靠化学作用进行的。化学镀的主要类型有三种：还原法、接触法和浸镀。我们这里介绍其中的一种——还原法。

你总用过热水瓶吧？你知道热水瓶胆上的光亮薄层是什么物质？它是怎样镀上去的？我们通过制银镜的实验就可知道了。

先配制氧化银的氨溶液：在 5 毫升 10% 的硝酸银溶液中，慢慢滴加 5% 的氨水，一直滴至那些起始生成的沉淀恰好完全溶解为止。然后加入 1 毫升 5% 的氢氧化钠（必须注意，这个混合液只能在临用时配制，不可长久贮存，因久存可能生成爆炸物；用后的剩余液体，也应用酸处理后倒入废液缸中）。

取试管一支，先用热的氢氧化钠溶液，后用蒸馏水彻底洗净。然后在试管中加入2毫升氧化银的氨溶液和2毫升20%的葡萄糖溶液。混合均匀后，把试管浸在60℃~80℃的水中加热，并观察管壁上的变化。如果试管洗得干净，加热几分钟后就可以观察到管壁上产生了光亮的银镜。如果管壁洗得不干净，就不会形成银镜，只有黑色沉淀析出。

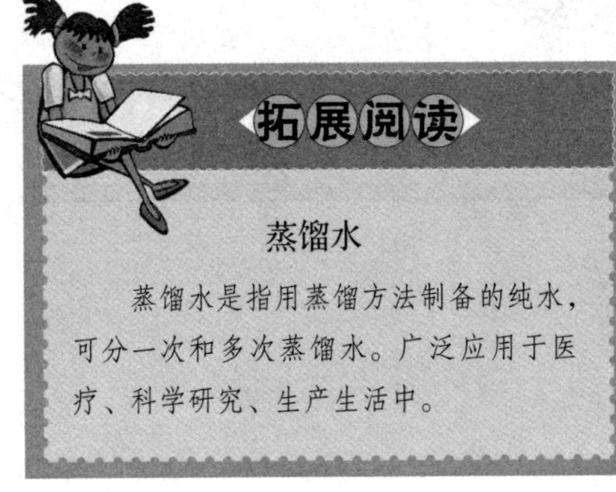

蒸馏水

蒸馏水是指用蒸馏方法制备的纯水，可分一次和多次蒸馏水。广泛应用于医疗、科学研究、生产生活中。

因为葡萄糖具有还原性，所以能使氧化银还原为银。还原出的银粒非常细小，它紧密地沉积在管壁上而形成银镜。热水瓶胆的光亮薄层，就是利用同样的原理与类似的方法制成的。这就是一种化学镀银的方法。

通过这个实验，我们可以大致上对化学镀有一定认识。也许有人会问：为什么这里的银不能用电镀而要用化学镀的办法呢？这是因为非金属不能直接电镀的缘故。热水瓶胆是用非金属的玻璃做的，它是电的不良导体，因此不能用电镀的办法把银镀上去，而只能用化学镀法。

有时，为了达到某种特殊的要求，需要在非金属（如塑料等）上电镀某种金属或合金，那么可以先用化学镀法在镀件上沉积上另一种金属，然后再进行电镀。

尽管电镀比化学镀有很多有利的条件，如它的工艺过程比较成熟，所以它还是目前广泛使用的镀金属的重要方法。但它也有缺点，如镀层没有化学镀均匀，特别在棱角和边上往往会镀得比一般部位厚，形状复杂的零件，更无法镀好。化学镀的镀层也不能镀得很厚。化学镀的镀层与基体金属结合得极紧密，耐腐蚀性好，因此可以用这种方法来解决碱液蒸发器和石油精炼等化工设备的耐腐蚀问题。

除了化学镀镍外，常用的还有化学镀铜、镀锡以及镀银等。

基本小知识

镀锡

镀锡是一种可焊性良好并具有一定耐蚀能力的涂层，因锡镀层无毒性，大量用在与食品及饮料接触之物件中，最大用途就是制造锡罐，其他如厨房用具、食物刀叉、烤箱等。

魔幻化学

化学（Chemistry）是研究物质的组成、结构、性质，以及变化规律的科学。世界是由物质组成的，化学则是人类用以认识和改造物质世界的主要方法和手段之一，它是一门历史悠久而又富有活力的学科，它的成就是社会文明的重要标志。

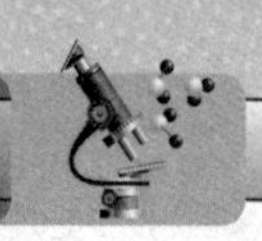

水变牛奶

硫酸钡

硫酸钡，又名重晶石，为无臭、无味的无色斜方晶系晶体或白色无定型粉末。性质稳定，难溶于水、酸、碱或有机溶剂。

也许不少人都会做“水变牛奶”的小魔术，例如把透明无色的氯化钡和硫酸溶液相混合，就能生成外表像牛奶一样的硫酸钡悬浊液。下面介绍一个更有趣的“水变牛奶”实验。

在玻璃杯里放入氯化铝晶体约2克，再加入20毫升水，搅拌使它溶解，结果便得到了无色透明的“水”——氯化铝溶液。然后往氯化铝溶液里慢慢加入浓度为20%左右的氢氧化钠溶液，杯里的“水”渐渐变得混浊，犹如乳白色的牛奶，并出现了白色的沉淀。如果继续往这杯乳状液里加氢氧化钠溶液，不但白色的沉淀逐渐消失，而且混浊的“牛奶”又变成澄清的“水”了。

这个实验如果改用氯化锌代替氯化铝来进行，效果完全一样。

原来铝（或锌）的氯化物的水溶液遇到氢氧化钠溶液时，发生了复分解反应，结果生成了氢氧化铝（或氢氧化锌）。它们都是白色的沉淀，所以当两杯清液相混时，看上去就像变成“牛奶”了。

但所生成的氢氧化铝（或氢氧化锌）却是两性的化合物，当它们继续与加入的氢氧化钠溶液相遇时，便生成偏铝酸钠（或锌酸钠）。因为偏铝酸钠（或锌酸钠）都是无色透明的溶液，所以原来的白色沉淀消失了，“牛奶”又重新变为“水”。

物质的两性，是指它具有酸、碱两重的性质。在和酸类作用时，它表现出碱性，能和酸作用生成盐；而它和碱类作用时，却又表现出酸性，也能作用生成盐。

知识小链接

碱

碱是指有别于工业用碱的纯碱（碳酸钠）和小苏打（碳酸氢钠），小苏打是由纯碱的溶液或结晶吸收二氧化碳之后的制成品，二者本质上没有区别。

氢氧化铝的两性，已经被利用在炼铝工业上，成为提纯氧化铝的重要手段。因为在炼铝的天然原料——矾土里，除了含有氧化铝之外，往往还含有不少的二氧化硅和氧化铁等杂质，所以必须设法把杂质去除。在提纯氧化铝时，将矾土和浓氢氧化钠溶液在加压的情况下加热数小时，这时矾土中的氧化铁是不溶解的，二氧化硅则变为不溶性的硅铝酸钠，而氧化铝却变成可溶性的偏铝酸钠。再将它过滤，便可得纯的偏铝酸钠溶液。然后，用水稀释偏铝酸钠溶液，并加入少量氢氧化铝晶种（形成结晶核心），不断进行搅拌，偏铝酸钠便与水反应，生成氢氧化铝沉淀。沉淀经过滤、分离，并放在转窑内煅烧，就得到了无水的、纯净的氧化铝。最后把纯净的氧化铝溶在人造冰晶石熔融液里进行电解，就可以获得纯净的金属铝。

清水变色

类似的还有清水变色实验。

【实验用品】6 只 250 毫升烧杯、氨水、浓盐酸、硫氰化钾、百里酚蓝试液、三氯化铁溶液、亚铁氰化钾、氢氧化钾浓溶液。

【实验步骤】

1. 将 6 只烧杯分别编为 1 ~ 6 号。

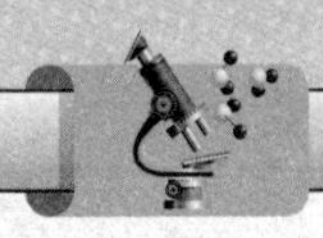

2. 在1号烧杯中注入半杯清水并滴入少量氨水和硫氰化钾溶液；2号烧杯底滴入几滴百里酚蓝试液；3号烧杯加入少量浓盐酸；4号烧杯中加入少量三氯化铁溶液；5号烧杯中加入少量亚铁氰化钾溶液；6号烧杯中加入1/3杯氢氧化钾浓溶液。

3. 将1号杯中的“清水”倒入2号杯，立即变成蓝色；将此蓝色溶液倒入3号杯，变成橙红色；将此橙红色溶液倒入4号杯，变成血红色；将血红色溶液倒入5号杯，又变成深蓝色；最后将此深蓝色溶液倒入6号杯，蓝色即褪去，仍变成一杯带淡紫色的“清水”。

【实验分析】

各色烧杯

1. 实验原理

(1) 1号杯→2号杯，百里酚蓝在碱性溶液中呈蓝色。

(2) 2号杯→3号杯，过量盐酸使溶液成酸性，百里酚蓝呈橙红色。

(3) 3号杯→4号杯，三氯化铁与琉氰化钾反应，生成血红色的硫氰酸根含铁络合物。

(4) 4号杯→5号杯，铁离子与亚铁氰化钾反应，生成普鲁士蓝。

(5) 5号杯→6号杯，普鲁士蓝与氢氧化钾反应，析出氢氧化铁沉淀，蓝色褪去。因溶液中有百里酚蓝指示剂，所以，最后溶液带有淡紫色。

空瓶发烟

取两只无色的广口玻璃瓶，洗涤干净，并且使它干燥，待用。实验开始后，在其中一只广口瓶里，加入几滴浓氨水，在另一只广口瓶里加入几滴浓盐酸（氯化氢的水溶液），用塞子分别把这两只瓶子塞好以后，用力摇荡，尽量使氨水和盐酸均匀地沾润瓶壁。这时候，两只瓶里看上去“空空如也”，没有什么现象出现。

现在，拔掉两个玻璃瓶上的塞子，把沾有盐酸的瓶子放在上方，沾有氨水的瓶子在下方，把它们口对口地上下叠置起来。过了一会儿，在两只瓶口之间就发生了浓浓的白烟，并且继续蔓延到两只瓶内，甚至在瓶壁上出现了白色的粉末。烟雾弥漫的现象，颇为奇异。

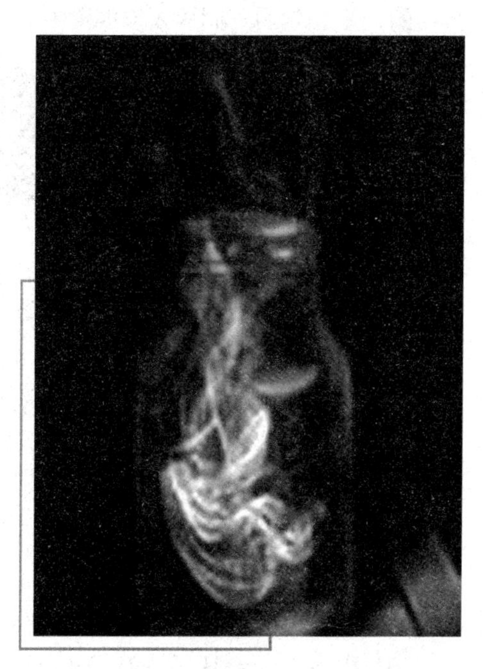

空瓶发烟

原来，在被称为空瓶的两只玻璃瓶壁上，实际上各自已沾有浓氨水和浓盐酸了。因为氨水和纯盐酸都是无色的，装在瓶内的数量也少得很，而且是比较均匀地沾在瓶壁上，所以两个瓶子都不带什么颜色。但是，氨水和盐酸能分别放出无色的氨和氯化氢气体，当两玻璃瓶上下对叠时，较重的氯化氢气体便向下扩散，而较轻的氨气向上扩散，它们相遇时发生作用，就生成非常细小的、白色的氯化铵固体，所以呈现出浓浓的烟雾来。

氯化铵加热时也很容易分解成氨和氯化氢气体，冷却时氨和氯化氢又重新结合成白色的氯化铵粉末。如果把氯化铵和火药放在一起，火药燃烧时，它就产生非常浓的烟雾，所以曾经用它来制造烟幕。

生成氨的实验

方法一

【实验用品】试管、硬质玻璃管（ϕ20×200 毫米）、带导管的橡皮塞、酒

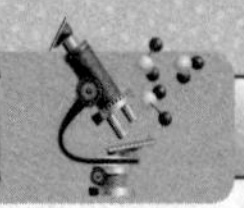

精灯、红色石蕊试纸、碳酸氢铵、新配制的饱和石灰水、铝箔。

【实验步骤】

1. 取一支干燥而洁净的硬质玻璃管，把3克碳酸氢铵平铺在铝箔（包香烟用的）上，然后一同放入玻璃管中。

2. 用铁夹夹住玻璃管上部(约1/3处)，固定在铁架台上。塞上带有导管的单孔塞，导管的一端伸入盛有澄清石灰水的试管里。

拓展阅读

铝箔

铝箔是一种用金属铝直接压延成薄片的烫印材料，其烫印效果与纯银箔烫印的效果相似，故又称假银箔。

3. 点燃酒精灯，先均匀加热玻璃管，然后对准碳酸氢铵加热。片刻，用于在上端玻璃导气管口处扇动，可以闻到氨的气味。同时，可观察到湿润红色石蕊试纸变蓝，硬质玻璃管内有水滴凝聚。继续加热，澄清石灰水逐渐变浑浊。

【实验分析】

1. 碳酸氢铵受热分解产生氨气、水和二氧化碳。

$NH_4HCO_3 = NH_3\uparrow + H_2O + CO_2\uparrow$

2. 连接实验装置时，应注意让硬质玻璃管倾斜约25°。

3. 下端二氧化碳出口的导气管可以不伸入澄清石灰水中，比空气密度大的二氧化碳会流入石灰水中，使澄清石灰水变浑浊。如果把导气管插入石灰水中，当发现下端没有二氧化碳气体排出时，可以用食指堵住上端氨气出口处，二氧化碳就会很快通入试管中。

4. 上端氨气出口的玻璃管朝上弯曲时，实验效果较好。

拓展阅读

导气管

导气管是连接于导气式武器身管上的管筒，内有活塞，活塞杆的一端连于活动机件上，发射时，弹头在堂内通过导气孔，火药气体由此孔逸出，推动活塞完成自动循环动作。

5. 把碳酸氢铵平铺在铝箔上，再移入试管，这样当加热时，可避免试管因温度过高而破裂。

6. 碳酸氢铵受热分解时，生成的氨气比空气的密度小，大部分向上排出，使湿润的红色石蕊试纸变蓝。二氧化碳比空气的密度大，大部分向下排出，使石灰水变浑浊。

$Ca(OH)_2 + CO_2 = CaCO_3 \downarrow + H_2O$

方法二

【实验用品】试管、橡皮塞、T形管、酒精灯、铁架台、碳酸氢铵、无水硫酸铜、红色石蕊试纸、蓝色石蕊试纸。

【实验步骤】

将一试管与“T”形管连接，在试管中加入适量的碳酸氢铵，在T形管的A处放一小粒无水硫酸铜，在其B端放一片湿润的红色试纸，在其C端放一片湿润的蓝色试纸。然后用酒精灯加热碳酸氢氨片刻后，即可观察到A处的无水硫酸铜变为蓝色，表明有水生成；T形管B端的红色试纸变为蓝色，说明有氨生成；T形管C端的蓝色试纸变为红色，说明有二氧化碳生成。整个实验可在2~3分钟内完成，效果极为明显。

纸杯跳高

氢气不但比重小，可以用来充气球，并且在适当的条件下，它还具有爆炸的可能。

取一只口径比较大的瓶子，放入十几颗锌粒（铺满瓶底即可）。然后配上一个钻有两个孔的橡皮塞或软木塞。在瓶塞的一个孔内插入玻璃漏斗，另一个孔内插入弯玻璃管。弯玻璃管用橡皮管和另一玻璃管连接。这样，一个简易的氢气发生器便装好了。

再做收集氢气的准备工作。把一只蜡纸杯（如盛雪花膏或冷饮等用的纸杯）装满水，倒覆在盛满清水的盆子里，待用。

制取氢气时，只须将稀硫酸（浓度为20%左右）从玻璃漏斗注入瓶中，不用打开木塞（加入稀硫酸的量，以足够浸没锌粒为妥）。为了收集纯净的氢气，在收集气体以前，必须尽量赶跑瓶中原有的空气。因此，应该等到锌粒和稀硫酸发生反应约半分钟以后，检验一下氢气的纯度。检验时取一小试管，装满了水，用拇指堵住管口，倒置在水槽中。把玻璃管插入试管内，排水收集氢气。氢气集满后，仍用拇指堵住管口，然后对着灯焰放开。如果氢气不纯就会发生尖锐的鸣声，重复试验直到鸣声微弱为止。这时，把玻璃管伸入纸杯内。等纸杯中的氢气收满以后，立刻用玻璃片封住杯口，最后从水中拿出，让它倒放在桌子上。

把氢气发生器移开以后，就可以开始进行纸杯跳高的实验了。

开始时，先抽去纸杯底下的玻璃片，并用木块或火柴梗把纸杯口的一边垫高些，让它稍为歪斜。然后在纸杯底上戳一个小洞。接着，用一根点燃的引火木条在洞口附近点火。因为氢气比空气轻，它会通过小洞逸出，点火后，就产生火焰，同时可以听见慢慢加强的鸣叫声。最后，纸杯也随着跳了起来。有时纸杯仅仅是跳动，有时却会飞到两三米高。

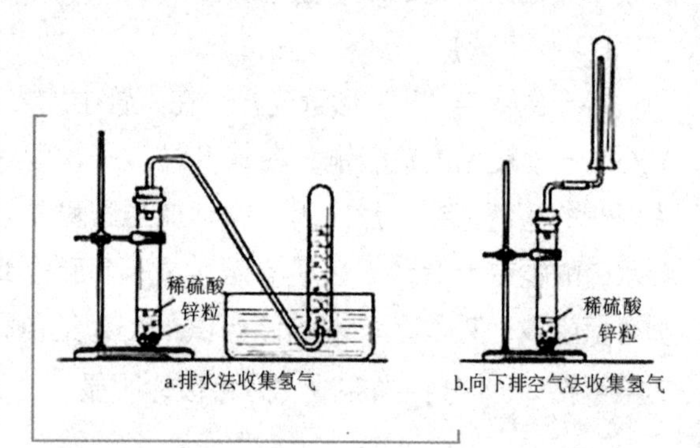

制取氧气装备

为什么氢气开始时能安静地燃烧，只有十分微弱的鸣声，而到后来又会发生响亮的爆鸣呢？为什么纸杯会发生跳跃呢？你能把其中的原因解释清楚吗？

原来氢气在不同的条件下，燃烧情况是不同的。开始的时候，纸杯里充满的是纯净的氢气。氢气遇火时，仅仅是它和空气接触的那部分发生了燃烧，并且燃烧是缓慢地在杯外进行。随着氢气的燃烧，杯内氢气不断消耗，空气就不断从杯口补充到杯内，并与氢气混合。当杯内氢气和空气的量达到一定比例时，洞口的火焰便能使杯内的混合气体发生燃烧。由于燃烧过程极为迅速，燃烧产生的热量又使气体迅速膨胀，从而发生了爆炸现象。

知识小链接

膨胀

当物体受热时，其中的粒子的运动速度就会加快，因此占据了额外的空间，这种现象称为膨胀。固体、液体、气体都有膨胀现象，液体的膨胀率约比固体大10倍，气体的膨胀率约比液体大100倍左右。

爆炸的剧烈与否，取决于燃烧速率，而燃烧速率又取决于氧气与氢气混合的均匀程度。

氢气和氧气的混合气体点燃时有爆炸的可能，所以在做这个实验时，如果没有经验，最好在老师的指导下进行。但是爆炸也不是随意发生的，而是当氢气和氧气达到一定比例时点火才会发生。制造氢气和氧气的电解水工厂，为了防止阴极产生的氢气和阳极产生的氧气相混合，中间要用隔膜把它们分开，并控制好两极室的压强。进行氢气燃烧实验时，必须事先检查所收集的气体的纯度。纯净氢气是能够安静地燃烧而不发生爆炸的。

氧在氢气中燃烧

【实验用品】粗玻璃管（内径约20毫米）、玻璃导管、启普发生器、大试管、铁架台（带铁夹）、酒精灯、锌粒、稀硫酸、高锰酸钾。

【实验步骤】

1. 把仪器安装好。

2. 打开启普发生器的活塞，向A管中通入氢气。稍通片刻，待A管中氢气很纯时，移火焰到A管管口，将氢气点燃。

3. 加热高锰酸钾制取氧气，氧气沿着B导管流出，然后将B管移到A管的下端，使B管管口与A管管口相平。在B管管口出现一个黄色的小火焰，将B管逐渐伸进A管内，火焰就更为明亮。

【实验分析】

1. 从实验现象看是氧气在氢气中燃烧，但反应的本质仍然是氢气被氧化，也就是氢气燃烧。

2. 要待 A 管中氢气很纯时，才可移火焰到 A 管管口，否则不安全。

变气球

篮球瘪了，要用打气筒打气，球才会重新鼓起来。就是那小小的玩具气球，如果不吹气，它同样不会鼓起来。

现在我们来做一个不用打气也不用吹气，却能使气球自动变大的实验。找一个干燥的、容量约 1000 毫升的平底烧瓶（其他瓶子也可以，瓶越大，气球也就吹得越大），并且配上橡皮塞。塞上钻一个小孔，孔径恰好能紧密地插进一根中空的玻璃管。在这支玻璃管的顶端紧紧扎上一个小的彩色气球。气球扎好后，从玻璃管向球里吹气几次，以检查捆扎是否有漏气现象。准备妥当后，以供后面实验使用。

拓展阅读

孔径

孔径是指多孔固体中孔道的形状和大小，其是极不规则的，通常把它视作圆柱形而以其半径来表示孔的大小。孔径分布常与吸附剂的吸附能力和催化剂的活性有关。孔半径在 10 纳米以下的孔径分布可用气体吸附法测定，部分中孔和大孔的孔径分布可用压汞法测定。

接着，在一支较大的试管中放入氯化铵和消石灰各约 5 ~ 10 克，混合均匀，再配以橡皮塞和导管，装配成制取氨气的装置。然后将前面准备好的平底烧瓶用手握住，倒覆在导管上，并在烧瓶口用一团棉花松松地塞住，最后加热试管底部。氯化铵和消石灰受热后，很快就发生反应，生成了氯化钙、水和氨气。

氨气比空气轻，从导管逸出后，能把平底烧瓶中空气排出来。当烧瓶充满了氨气后（可用一张湿的红色石蕊试纸来检查，若放在瓶口的试纸变蓝，即表示瓶中已充满了氨气），立即用前面准备好的带有导管和气球的橡皮塞塞紧。气球在瓶内仍然是瘪的。

一切准备工作做好以后，便可以进行自动吹气球的实验了。这时，只要稍微拔开瓶塞，迅速地往瓶里倒入约 50 毫升的水，再塞紧橡皮塞，轻轻地摇动烧瓶。过一会儿，气球就慢慢地自动大起来。

拓展阅读

橡皮塞

橡皮塞是在化学实验中一种密封设备，由橡胶制成，也叫胶塞。

原因很简单：用打气筒往篮球里打气或往气球里吹气，当球里气体的压强大于球外大气压强时，球就会鼓起来。而在这个实验里，气球的胀大似乎很奇怪，其实道理完全一样。只不过是通过减少气球外部气体压强的方法，使气球内的压强相对变大。当向盛有氨气的瓶子里倒一些水后，瓶中的氨气就迅速地溶解在水中。这时，瓶内气体变得很稀薄，它的压强就明显地小于瓶外的大气压。可是气球内部是通过玻璃管和大气相通的，它的压强仍然和大气压一样。这样，气球内外压强不平衡，且由于气球的外部压强小于气球内部的大气压强，所以大气自动地把气球“吹”大起来了。

大家知道，高空的气体十分稀薄，那里的气压要比地面的低得多。习惯在地面上生活的人，体内的一切机能都是和地面的气压相适应的。如果人在没有特殊保护的情况下，置身在高空的低压环境中，体内的组织就好像放在那烧瓶里的气球一样，因内外压强的不平衡而不适应。这样一来，人体血液中所含的气体沸腾而出，堵塞血管，妨碍血液流通，人也就会因此死亡。所以，进行宇宙飞行的宇宙飞船，它的机舱是密封的，飞船内气体压力要设法维持接近于地面的正常气压。这样人们在宇宙飞船内，才可以正常生活。为了确保安全，宇宙飞行员还要穿航天服。航天服也是密封的，必要的时候它可以代替密封

宇航员

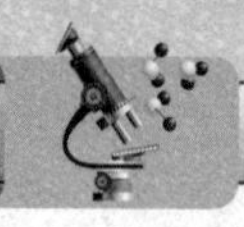

飞船的作用，保护宇航员的安全。

灌制氢气球还有很多方法，下面一一介绍给大家。

方法一

【实验用品】一只短颈大肚空酒瓶、气球、水盆、玻璃棒、细线、热水。

【实验步骤】

1. 用玻璃棒把气球塞进瓶子内，把气球反扣在瓶口上。使劲给气球吹气，观察气球能否吹大到占据整个瓶内空间。

2. 把气球从瓶中取出，并正套在瓶口上，用细线拴紧。再把瓶子慢慢地斜放在盛有热水的水盆中，使气球露在水外，观察气球是否逐渐被吹大。

【实验分析】

1. 实验原理：在封闭条件下，一定量的空气的体积与温度成正比。

2. 当气球吹气口反扣在瓶口后吹气时，瓶内的空气不能逸出瓶外。一定要形成封闭条件，否则实验会失败。

3. 应逐渐把瓶子放在热水中，以防止瓶子炸裂。

启普发生器

方法二

【实验用品】启普发生器、具支试管（两个）、单孔橡皮塞、直角玻璃管、玻璃棒、三通管、双联打气球、气球泡、锌粒、稀硫酸（1:4）。

【实验步骤】

1. 实验装置。将两个具支试管配上带有直角玻璃管的单孔橡皮塞。塞内玻管上套上一段长约 25 厘米的胶皮管。胶皮管的另一端用一小段玻璃棒堵住，中部用锋利的小刀划破一条长约1 厘米的直缝（最好先在胶皮管内垫一硬物，然后用小刀划一道缝），制成两个相同的单向阀。其工作原理是：当给胶皮管内的气体加压时，气体可以从管内的直缝里挤出来；而给胶皮管外的气体加压时，胶皮管的直缝就越压越紧，气体就不能进入管内。然后用三通管将两个单向阀和一个双联打气球串联在一起。在进气阀导管上连接氢气源（启普发生器），在出气阀的导管上连接气球泡。

2. 实验方法（操作）。

（1）启开氢气源（启普发生器或贮气瓶）。

（2）捏放双联打气球，排出具支试管和双联打气球内的空气。

（3）接上气球泡。

（4）捏放双联打气球，把氢气压入气球泡内，待气球泡胀后小心取下，用棉线系紧气球泡口，松手，氢气球便腾空而起。

方法三

【实验用品】搪瓷碗、食品袋、双孔橡皮塞、直角导管（两根）、胶皮管（两根、各带弹簧夹）、橡皮唧气球、塑料玩具球、U 形管（两臂均塞有带直角导管的单孔塞）、水槽、漏斗、托盘天平、废铝片、氢氧化钠溶液（工业用、20%）、变色硅胶。

知识小链接

搪瓷

搪瓷（táng cí）是将无机玻璃质材料通过熔融凝于基体金属上并与金属牢固结合在一起的一种复合材料。

【实用步骤】

1. 称取 7 克废铝片于搪瓷碗内，将此碗放入食品袋底部，袋口扎一个插有两根直角导管的双孔橡皮塞，直角导管都连接带弹簧夹的胶皮管 A 和 B。夹紧胶皮管 A 的弹簧夹，将胶皮管 B 与气唧出气端连接，用气唧抽去食品袋中空气，夹紧胶皮管 B 的弹簧夹，拔去气唧。

2. 扭开胶皮管 A 的弹簧夹，用漏斗加入 62. 5 克氢氧化钠溶液于搪瓷碗内，夹紧弹簧夹，铝和氢氧化钠就逐渐反应，由慢到快，同时有大量热产生。为此把袋放在盛水的水槽中，不断用冷水冲淋，整个反应在 5 分钟左右完成。

3. 袋中收集的是氢气和水蒸气混合物，冷却到室温，将胶皮管 B 连接到

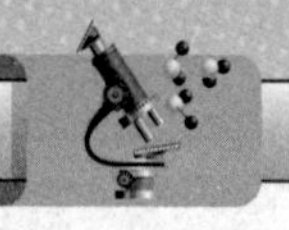

装硅胶的 U 形管和气唧出气端，扭开胶皮管 B 的弹簧夹，鼓动几下气唧，去掉 U 形管内空气，再在气唧管口套上塑料玩具球，不断鼓动气唧，就可制得氢气球。

【实验分析】

1. 采用食品袋作反应器和收集器，不仅取材容易，而且安全、实用。如用小口玻璃容器，则当反应剧烈时，气体要向外冲出，很不安全。

2. 食品袋宜大不宜小，若袋小气量多，就会使袋胀破，造成手足无措的情况。

3. 制得的混合气必须冷却、干燥。否则气球升不起来，或停留在空间的时间短。

4. 食品袋在水槽中用冷水冲淋时要掌握得当，若温度过低，不利于反应速度。

5. 橡皮气唧的两端，分别为出气端和进气端。若系统连接进气端，则鼓动气唧时，气体进入容器；若连接出气端，则鼓动后气体被抽出。

6. 废铝片可用牙膏管、易拉饮料罐等铝制品。

7. 本实验也可用稀硫酸和少量稀盐酸组成的混合酸代替氢氧化钠，效果也良好。

方法四

【实验用品】啤酒瓶、气球、锌粒、稀硫酸（1∶4）。

【实验步骤】

取一个啤酒瓶，洗净，加入适量的锌粒和稀硫酸（锌粒和稀硫酸的总体积不能超过瓶子容积的 1/3），用湿布包住瓶子，将气球套在瓶子上，不久即能使气球充满氢气。

【实验分析】

1. 事前要用打气筒或用嘴吹气使气球膨胀，放气后再充气，以便充氢气时膨胀迅速。

2. 为了防止反应过程中产生的大量热使瓶子炸裂，必须用湿布包住瓶子。

3. 这是充大量氢气球的简易方法。

变色花

取一张吸水性比较好的白纸，在二氯化钴浓溶液中浸透后，取出晾干。反复浸两三次，直到白纸变成粉红色为止。用它做成几朵花。

另取一张质地相同的白纸，按照与上述相同的方法放在氯化铜浓溶液中浸两三次，干燥后，就变成草绿色。用它做成叶子。

变色花

然后，把这些花和叶子扎在一起，做成红花绿叶的花束。再配以其他的装饰物，一件精美的工艺品就完成了。

这花束和普通的纸花不同。如果用一支点燃的蜡烛（或者其他灯火）把花束稍微烤热，红色的花就会渐渐变成蓝色，绿色的叶子也会变成苍黄色，好像完全成了另外一种花朵似的。这时候如果随即向花束呵几口气，或者向花束喷洒一些水雾，蓝色的花仍然可以重新变成红色，绿叶也再度出现了。

花为什么会变色？这是因为氯化铜和二氯化钴晶体都是含结晶水的，但当加热后都会失去结晶水而改变颜色：二氯化钴由淡红色变成蓝色；氯化铜由绿色变成黄褐色。如果向花束呵几口气或喷上一些水以后，它们又重新吸收水分，再次显示出原来的颜色。所以，花束会表现出奇异的变色现象来。

氯化铜用于颜料、木材防腐等工业，并用作消毒剂、媒染剂、催化剂。蓝绿色斜方晶系晶体，相对密度2.54，有毒。在潮湿空气中易潮解，在干燥空气中易风化。易溶于水，溶于醇、氨水和丙酮，其水溶液呈弱酸性。加热至100℃失去两个结晶水。从氯化铜水溶液生成结晶时，在26℃～42℃得到

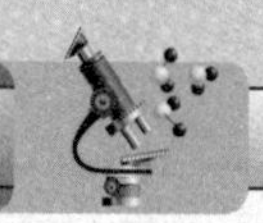

二水物，在 15℃以下得到四水物，在 15℃ ~25.7℃得到三水物，在 42℃以上得到一水物，在 100℃得到无水物。

氯化铜对皮肤有刺激作用，粉尘刺激眼睛，并引起解膜溃疡。生产人员要穿工作服、戴口罩、手套等劳保用品，生产设备密闭，车间通风良好。下班后要洗淋浴。

在实验过程中，要谨防该化学物质的毒性，实验室要通风，实验后要用肥皂洗手。

拓展阅读

变色花

云南省傈傈族自治州，有一种 4 米高的木本花卉，花瓣有单、双两种，花蕊呈金黄色颗粒状。而花瓣的颜色则是变化的：早晨花开时为淡红色，到了正午就变成了白色，下午 3 时左右呈粉红色，夜里 9 时为深红色，深夜 12 时左右又变成玫瑰色，次日下午 4 时就凋谢，人们称这种花为“变色花”。

溃疡

溃疡是发生于皮肤黏膜表面，因坏死脱落而形成的缺损溃烂。

星星旅行

取四只干净的空瓶，在第一瓶里放入等量的氯化铁和亚铁氰化钾溶液，第二瓶里是氯化铁溶液，第三瓶里是碳酸钾溶液，第四瓶里是亚铁氰化钾溶液。溶液的浓度均为 10% 左右（碳酸钾应稍浓些）。

再取两张大小相同的空白纸和两张白色的吸水纸，例如滤纸。在第一张纸上，用第一瓶里的溶液画上一颗五角星，星星显深蓝色。用第二瓶里的溶液在第二张纸上，同样画上一颗五角星，星星的大小、形状与第一张的相同，可是从纸上几乎看不出什么痕迹。然后用第一张吸水纸吸透第三瓶里的溶液，纸上不现什么颜色。再用第二张吸水纸吸透第四瓶里的溶液，也几乎是无色。

最后，把第一张吸水纸覆在第一张纸上，紧按几下，揭开，纸上的蓝色五角星不见了。接着把第二张吸水纸覆在第二张纸上，同样按几下再揭开，你一定可以看到在这张原来是空白的纸上，竟然出现了蓝色的五角星。那蓝色的星星，好像已经从一张纸上跑到另一张纸上去了！实验完毕后，应当用肥皂洗手。

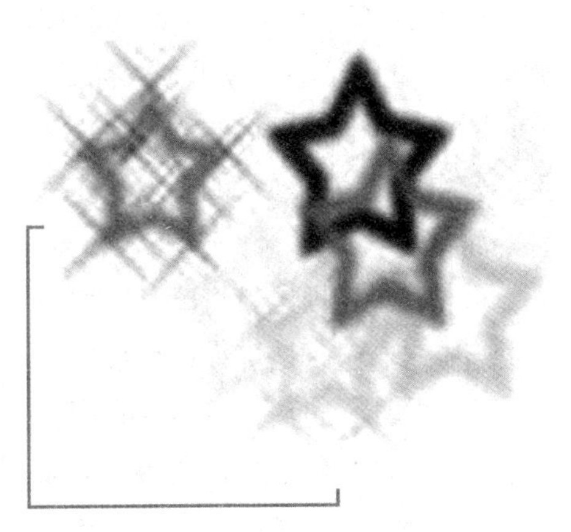

星星旅行

因为氯化铁中含有三价的铁，它具有一个特性：能和亚铁氰化钾溶液反应生成深蓝色的普鲁士蓝沉淀。而普鲁士蓝遇上碳酸钾，又会变成近于无色的亚铁氰化钾。所以氯化铁和亚铁氰化钾的混合溶液能生成普鲁士蓝，使画在第一张纸上的五角星呈深蓝色。而第一张吸水纸是吸透了碳酸钾溶液的，当把它紧覆在第一张纸上的时候，深蓝色的普鲁士蓝立刻和碳酸钾溶液作用，重新生成了几乎是无色的亚铁氰化钾以及碳酸铁，所以纸上的深蓝色的星星不翼而飞了。第二张纸上的星星却是用无色的氯化铁溶液画的，当它遇到吸透了亚铁氰化钾溶液的第二张吸水纸以后，立即起化学反应，生成了普鲁士蓝沉淀，所以在这张纸上出现了深蓝色的星星。

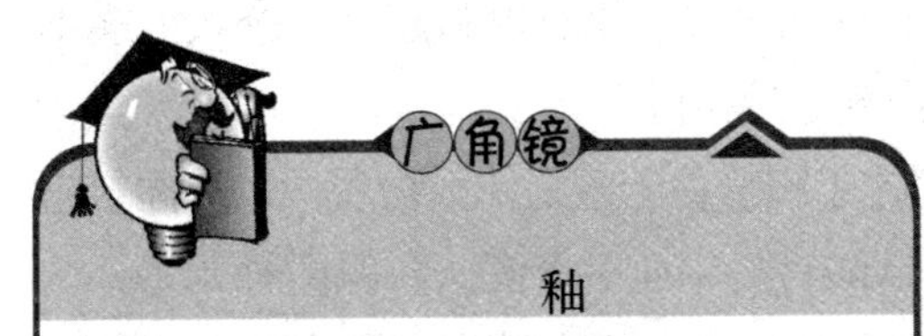

釉

釉是覆盖在陶瓷制品表面的无色或有色的玻璃质薄层，是用矿物原料（长石、石英、滑石、高岭土等）和化工原料按一定比例配合（部分原料可先制成熔块）经过研磨制成釉浆，施于坯体表面，经一定温度煅烧而成。

普鲁士蓝沉淀是一种深蓝色颜料，水彩颜料的普蓝就是它，蓝色油漆中也含有它。这个实验只不过是普鲁士蓝沉淀的消除和

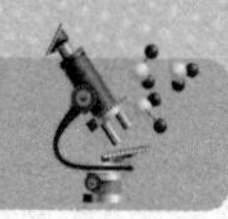

生成反应。

普鲁士蓝是一种古老的蓝色染料，可以用来上釉和做油画染料。

18 世纪有一个名叫狄斯巴赫的德国人，他是制造和使用涂料的工人，因此对各种有颜色的物质都感兴趣，总想用便宜的原料制造出性能良好的涂料。

有一次，狄斯巴赫将草木灰和牛血混合在一起进行焙烧，再用水浸取焙烧后的物质，过滤掉不溶解的物质以后，得到清亮的溶液，把溶液蒸浓以后，便析出一种黄色的晶体。当狄斯巴赫将这种黄色晶体放进三氯化铁的溶液中，便产生了一种颜色很鲜艳的蓝色沉淀。狄斯巴赫经过进一步的试验，这种蓝色沉淀竟然是一种性能优良的涂料。

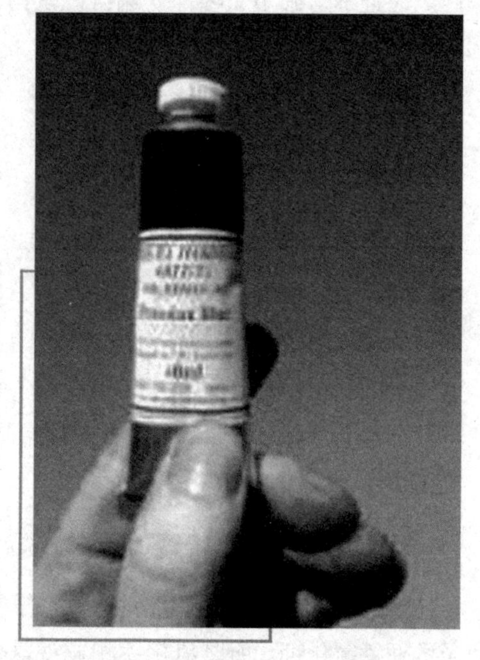

普鲁士蓝

狄斯巴赫的老板是个唯利是图的商人，他感到这是一个赚钱的好机会。于是，他对这种涂料的生产方法严格保密，并为这种颜料起了个令人捉摸不透的名称——普鲁士蓝，以便高价出售这种涂料。

直到 20 多年以后，一些化学家才了解普鲁士蓝是什么物质，也掌握了它的生产方法。原来，草木灰中含有碳酸钾，牛血中含有碳和氮两种元素，这两种物质发生反应，便可得到亚铁氰化钾，它便是狄斯巴赫得到的黄色晶体，由于它是从牛血中制得的，又是黄色晶体，因此更多的人称它为黄血盐。它与三氯化铁反应后，得到亚铁氰化铁，也就是普鲁士蓝。它在印染工业，广泛运用各种化学反应来进行染色和漂白。例如大家比较熟悉的一种蓝色染料——阴丹士林蓝，它是一种不溶于水的优良染料。为了使它能够均匀地染在纱（布）上，染色前先用一种叫做保险粉的还原剂把它还原成近乎无色的可溶性物质，然后让棉纱或布匹吸足这个可溶性物质的溶液，最后把纱或布晾在空气中。于是，可溶性物质被空气中的氧所氧化，就变成不溶性的阴丹士林蓝。这种蓝色很难洗掉，长久不褪。

有颜色的布褪掉颜色本来是件坏事，是穿衣的人所不希望的，但是有时在印染过程中，却偏偏要把已经染好的布像上面实验中那样，把它褪掉。例如，有一些蓝底白花的布，就是在蓝布上印上氧化剂（如漂白精）或还原剂（如保险粉）之类的溶液，经过一定的处理后，使蓝布显现出白花来。

拓展阅读

保险粉

保险粉，连二亚硫酸钠，是一种白色砂状结晶或淡黄色粉末化学用品，熔点300℃（分解），引燃温度250℃，不溶于乙醇，溶于氢氧化钠溶液，遇水发生强烈反应并燃烧。

其实，不仅星星可以“旅行”，小象亦可。

【实验用品】50毫升烧杯、量筒、滤纸、毛笔2支、0.1摩/升盐酸、0.1摩/升氢氧化钠溶液、酚酞溶液。

【实验步骤】

1. 向50毫升烧杯中加入20毫升0.1摩/升氧氧化钠溶液，再加入1～2毫升酚酞溶液，混合液呈红色。

2. 取两张大小相同的白色滤纸，用毛笔蘸取0.1摩/升氢氧化钠和酚酞的混合液。在第一张白纸上画一个红色的小象。再用另一支毛笔蘸取酚酞溶液在第二张白滤纸上画一只小象（由于酚酞无色，画上的小象看不出颜色，干燥待用）。

3. 再取两张同样大小的白滤纸，一张用0.1摩/升盐酸溶液浸透，另一张用0.1摩/升氢氧化钠溶液浸透。

4. 把浸透盐酸的滤纸覆盖在第一张纸上按紧一会儿再揭开，小象不见了。把浸透氢氧化钠溶液的滤纸覆盖在第二张纸上，按紧一会儿再揭开。一个红色的小象出现了。小象好像从第一张纸上跑到第二张纸上。

【实验分析】

1. 酚酞指示剂在溶液中的变色范围是：pH值=1～8时为无色；pH

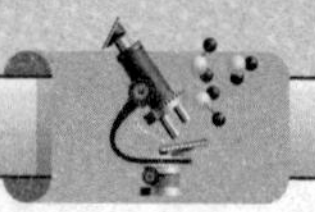

值 =8 ~ 10 时为浅红色；pH 值 =10 ~ 14 时为红色。

2. 酚酞指示剂在 pH 值 >10 的溶液中显红色。在第一张白滤纸上，是用氢氧化钠和酚酞的混合液画的小象，所以画出一只红小象。当把浸透盐酸的白滤纸覆盖在它上面时，氢氧化钠与盐酸发生中和反应：

$$NaOH + HCl = NaCl + H_2O$$

生成盐和水，溶液显中性。酚酞在中性溶液呈无色，所以红色的小象突然不见了。

3. 第二张滤纸上是用酚酞画的小象，酚酞溶液是无色的，所以画的小象也是无色的。当用浸透氢氧化钠溶液的滤纸盖在上面时，酚酞在碱性溶液中（pH 值 >10）显红色，所以第二张白滤纸上出现了红色的小象。就像小象从第一张滤纸上跑到了第二张滤纸上。

4. 用毛笔在滤纸上画小象时，笔道不要太粗，画得要清晰。这样在第二张滤纸上出现的小象才不致模糊不清。

一起动手做

取少量高锰酸钾晶体放在表面皿（或玻璃片）上，在高锰酸钾上滴2、3滴浓硫酸，用玻璃棒蘸取后，去接触酒精灯的灯芯，酒精灯立刻就被点着了。

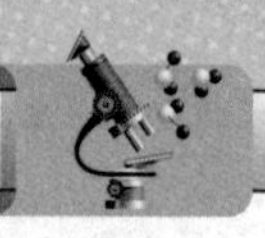

关于燃烧的实验

实验一：蜡烛复燃

【实验用品】生日蜡烛、安全火柴。

【实验步骤】

取一支生日蜡烛，将其点燃，片刻后把它吹灭，随即迅速把一根火柴的药头与烛捻相接触。这时，吹灭了的蜡烛又会立即燃烧起明亮的火焰来。

【实验分析】

烛焰刚被吹熄时，其灯芯上尚有较高的温度。火柴药头上的药物主要有氧化剂（$KClO_3$）、易燃剂硫磺。灯芯的温度足以使火柴的药头着火，从而使蜡烛复燃起来。

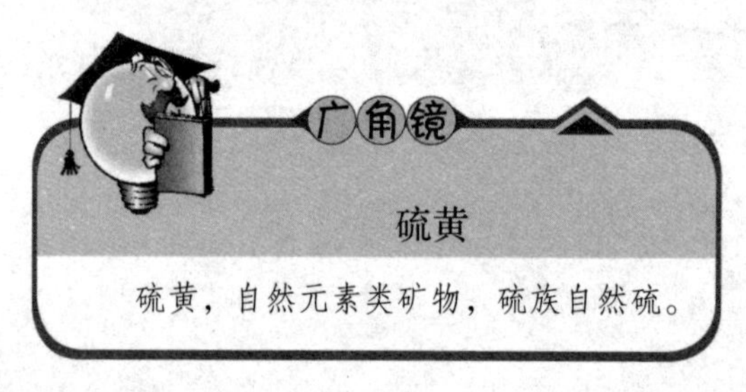

硫黄

硫黄，自然元素类矿物，硫族自然硫。

实验二：酒精灯复燃

【实验用品】酒精灯、木条、镊子、白磷、二硫化碳。

【实验步骤】

1. 用白磷的二硫化碳溶液浸渍火柴杆大小的木条，取出、放置凉干（不会自燃的）。

2. 点燃酒精灯，片刻后将其熄灭，随即将浸渍过白磷的二硫化碳溶液的木条跟酒精灯的瓷心接触，酒精灯又会重新燃起来。

【实验分析】

当用白磷的二硫化碳浸渍过的木条跟瓷心接触时，具有很低燃点（大约40℃）的白磷，立即着火燃烧，从而使酒精灯着火复燃起来。

实验三：烟灰作催化剂

【实验用品】小铁盒盖、烟灰少许、火柴、白糖。

【实验步骤】

在铁盒盖上放一勺白糖，先用火柴去点，不能燃烧。再在白糖中加入香烟灰拌匀，再用火柴去点，这时即可看到白糖燃烧产生火焰。

【实验分析】

1. 因香烟灰中含有微量元素可以起催化剂的作用。

2. 实验中不需用太多白糖，用一小勺白糖加入少许烟灰，且拌均匀。

3. 点的过程中要有耐心，不能急于求成。

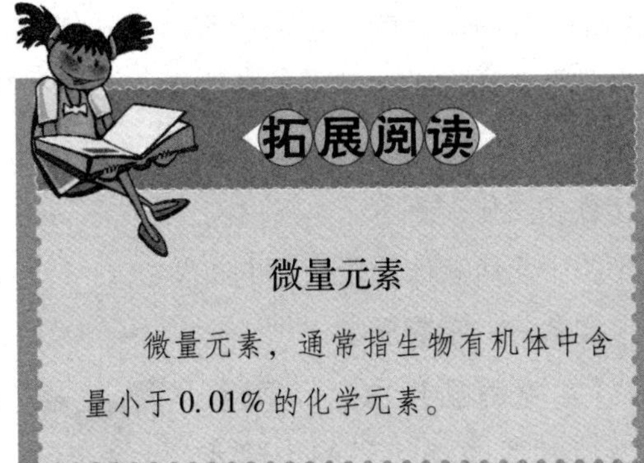

微量元素

微量元素，通常指生物有机体中含量小于0.01%的化学元素。

相关知识链接

燃烧的条件有三个：有可燃物、可燃物达到着火点、与氧气（空气）接触。

燃烧的条件

可燃物跟空气中的氧气发生的一种发光发热的剧烈的氧化反应叫做燃烧。通常讲的燃烧一般是要有氧气参加的，但在一些特殊情况下的燃烧可以在无氧的条件下进行，如氢气在氯气中燃烧、镁条在二氧化碳中的燃烧等。

上面前两个实验中，蜡烛和酒精灯之所以能复燃是因为具备了燃烧的三个条件。可燃物：实验一的可燃物是磷；实验二的可燃物是白磷和二硫化碳。着火点：两个实验中可燃物的着火点都很低，大约40℃。与氧气接触：两个实验都是在有氧的状态下进行的。

而第三个实验中，白糖之所以能燃烧，则是因为催化剂的原因。

催化剂会诱导化学反应发生改变，而使化学反应变快或减慢，或者在较

低的温度环境下进行化学反应。催化剂在工业上也称为触媒。

催化剂自身的组成、化学性质和质量在反应前后不发生变化。它和反应体系的关系就像锁与钥匙的关系一样，具有高度的选择性（或专一性）。一种催化剂并非对所有的化学反应都有催化作用，例如二氧化锰在氯酸钾受热分解中起催化作用，对其他的化学反应就不一定有催化作用。某些化学反应并非只有唯一的催化剂，例如氯酸钾受热分解中能起催化作用的还有氧化镁、氧化铁和氧化铜等等。

关于无色液体显示变色的实验：

实验一：喷雾显字

【实验用品】白纸、毛笔、小型喷雾器或浇花用的小喷水器、$FeCl_3$ 溶液（浓度为 2%）、硫氰酸钾稀溶液、亚铁氰化钾稀溶液。

【实验步骤】

用两只新毛笔分别蘸上硫氰酸钾溶液和亚铁氰化钾溶液，在白纸上间隔写字。写完后晾干或吹干。用喷雾器洒三氯化铁溶液，即刻显示红、蓝颜色的字迹。

拓展阅读

喷雾

喷雾就是人工造雾。简单的说就是高压系统将液体以极细微的水粒喷射出来，这些微小的人造雾颗粒能长时间漂移、悬浮在空气中，从而形成白色的雾状奇观，极像自然雾的效果，故称喷雾。

【实验分析】

亚铁氰化钾溶液和硫氰酸钾溶液是无色溶液，当它们分别遇到 Fe^{3+} 时则发生如下反应：

$Fe^{3+} + CNS^{-} = [Fe(CNS)]^{2+}$ 显血红色；

$4Fe^{3+} + 3[Fe(CN)_6]^{4+} = Fe_4[Fe(CN)_6]_3\downarrow$ 得蓝色沉淀。

从而显示出字迹。

实验二：香烛火写字

【实验用品】硝酸钾浓溶液、磷酸钠溶液、硫酸铝钾溶液、未用过的毛笔、白纸、香。

【实验步骤】

1. 在白纸上用蘸有硝酸钾浓溶液的毛笔写字，字要写得大些，字迹要连在一起，笔画要粗一些，晾干。

2. 用另外一支新毛笔蘸上磷酸钠溶液在字迹笔画四周边缘描写一遍（字迹中间不要描），晾干后再用毛笔蘸硫酸铝钾溶液依上述方法描写一遍，晾干。

3. 用香火按笔顺点燃字迹，不产生火焰的火就会沿笔顺烧空写字处的白纸，而字的边缘处白纸不会烧着。

【实验分析】

1. 实验原理：硝酸钾在加热时分解后放出氧气，产生的氧气与易燃物如纸、布等接触时很易燃烧。而磷酸钠与硫酸铝钾可以阻止纸、布等易燃物燃烧。

2. 注意事项：硝酸钾溶液浓度要高，最好是饱和溶液。每次用笔书写时，一定要等上次写的字迹晾干，所写的字不能太复杂。写的几个字的笔顺每一笔之间都必须连接起来。

实验三：写密信

【实验用品】白纸一张（厚）、干净毛笔、蜡烛、火柴、食用醋。

【实验步骤】

用干净毛笔蘸醋（最好是白醋）在一张白厚纸上写几个字，晾干（这时字迹消失，不易觉察），然后把写过字的地方对着蜡烛的火焰烘烤。烘烤时要不断地移动白纸，过一会儿就能显示出棕黄色的字来。

【实验分析】

1. 实验原理：醋和纸发生了化学反应，生成的化合物燃点低，当在火焰上烘烤时就会发生不冒烟、不发光的缓慢氧化。

2. 注意事项：（1）用白醋效果最好。（2）白纸一定要用厚一些的。

实验四：消字灵

【实验用品】烧杯、棕色药瓶、搅拌器、草酸、漂白粉、蒸馏水。

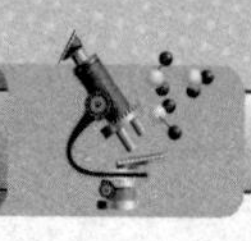

草　酸

草酸，人体中维生素C的一种代谢物。甘氨酸氧化脱氨而生成的乙醛酸，如进一步代谢障碍也可氧化成草酸，甚至可与钙离子结合沉淀而致尿路结石。各种植物都含有草酸，以菠菜、茶叶中含量多。可从草酰乙酸水解，异柠檬酸降解等方式生成。

【实验方法】

将48毫升蒸馏水分别与2克草酸和2克漂白粉混合后制成A、B两种溶液，把这两种溶液分别装在棕色试剂瓶中密闭，置于黑暗处。

【实验分析】

使用时，先将A种溶液（草酸溶液）涂抹在用蓝墨水写的字迹上，然后再涂抹B种溶液（漂白粉溶液），过一会儿字迹就可以消失。

关于空气中气压的实验

实验一：蛋入小瓶

【实验用品】250毫升集气瓶、剥去外壳的完整无损的熟鸡蛋、火柴、易燃的纸。

【实验步骤】

1. 首先演示熟鸡蛋比集气瓶的瓶口稍大，不能直接进入瓶内。

2. 点燃纸，放进瓶内，再迅速把鸡蛋放在瓶口，稍按紧。

3. 观察燃烧停止后，鸡蛋是否掉进集气瓶内。

【实验分析】

1. 本实验的原理是：纸燃烧时，瓶内温度升高，气体膨胀，一部分逸出。冷却后瓶内气体压强小于瓶外大气压强，熟鸡蛋被“吸”进瓶内。

2. 熟鸡蛋的大小应适当，比集气瓶口稍大，但又不能太大，否则不能被“吸”入。

3. 一定要在火焰未熄灭时，把蛋放在集气瓶口。蛋放在瓶口时，可轻轻按紧，因为装置是否气密是实验成败的关键。

实验二：燃纸吸瓶

【实验用品】250毫升集气瓶、橡皮垫圈、火柴、纸、水。

【实验步骤】

1. 把橡皮垫圈用水浸湿，放在集气瓶的瓶口上。

2. 把纸点燃，扔进集气瓶内，立即把另一个集气瓶倒放在橡皮垫圈上。用手紧紧按住集气瓶。

3. 燃烧停止后，稍候用手提上面的集气瓶，观察下面的集气瓶是否被“吸”住。

【实验分析】

1. 实验的原理是：燃烧时空气和二氧化碳从瓶中逸出，部分二氧化碳溶于生成物 H_2O 中，使得集气瓶内的压强低于大气压强，两个集气瓶相互吸住。

2. 橡皮垫圈大小应与集气瓶口相适应，弹性要好。装置的气密性好坏是实验成败的关键。

3. 用其他易燃物质代替纸，但最好是燃烧时不生成或只生成少量其他气体（或设法使生成的气体被吸收）。

二氧化碳

二氧化碳，在干空气中含量占第4位的气体，分子式 CO_2，分子量44，是很强的温室气体，对长波辐射有很强的辐射效应。

4. 如果能把坚固的刚性密闭容器里的空气抽尽，例如把两个马德堡半球闭合后设法抽尽里面气体，使球内成为真空，则16匹马也难以将两个半球拉开，这是非常著名的有趣的马德堡半球实验。

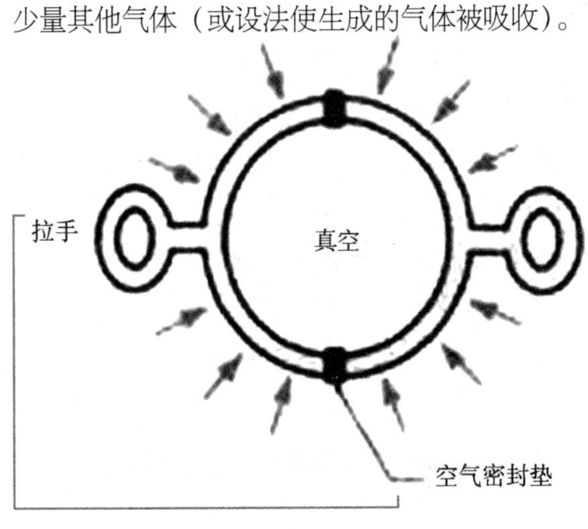

两个马德堡半球示意图

马德堡半球实验是怎么回事呢？故事是这样的。

在17世纪那个时候，

德国有一个热爱科学的市长，名叫格里克。他是个博学多才的军人，从小就喜欢听伽利略的故事，爱好读书，爱好科学，一直读到莱比锡大学。1621 年又到耶拿大学攻读法律。1623 年，再到莱顿大学钻研数学和力学。他读了三所大学，知识面很广，上知天文，下识地理，什么数理、法律、哲学、工程等等，无所不知，无所不通。因此，他能在军旅中过活，又可在政界中立足，更能在科学界发言。他是 1631 年入伍，在军队中担任军械工程师，工作很出色。后来，投身政界，1646 年当选为马德堡市市长。无论在军旅中，还是在市府内，他都没停止科学探索。

1654 年，他听说还有许多人不相信大气压，便下决心要做一个大的实验，来告诉人们，大气压是存在的，而且大气压很大。

有一天，他和助手做成两个半球，直径 14 英寸，即 30 多厘米，并请来一大队人马，在市郊做起“大型实验”。

这年 5 月 8 日的这一天，美丽的马德堡市风和日丽，晴空万里，十分爽朗。一大批人围在实验场上，熙熙攘攘。

格里克和助手当众把这个黄铜的半球壳中间垫上橡皮圈；再把两个半球壳灌满水后合在一起；然后把水全部抽出，使球内形成真空；最后，把气嘴上的龙头拧紧封闭。这时，周围的大气把两个半球紧紧地压在一起。

格里克一挥手，四个马夫牵来八匹高头大马，在球的两边各拴四匹。格里克一声令下，四个马夫扬鞭催马、背道而拉，好像在“拔河”似的。

“加油！加油！”实验场上黑压压的人群一边整齐地喊着，一边打着拍子。

四个马夫，八匹大马，都搞得浑身是汗。但是，铜球仍是原封不动。格里克只好摇摇手暂停一下。

然后，左右两队，人马倍增。马夫们喝了些开水，擦擦头额上的汗水，又在准备着第二次表现。

格里克再一挥手，实验场上更是热闹非常。十六匹大马，死劲拉着，八个马夫在大声吆喊，挥鞭催马……

实验的上的人群，更是伸长脖子，一个劲儿地看着，不时地发出“哗！哗！”的响声。

突然，“啪！”的一声巨响，铜球分开成原来的两半，格里克举起这两个重重的半球自豪地向大家高声宣告：

“先生们！女士们！市民们！你们该相信了吧！大气压是有的，大气压力是大得这样厉害！这么惊人！”

实验结束后，仍有些人不理解这两个半球为什么拉不开，七嘴八舌地问他，他又耐心地作着详尽的解释：“平时，我们将两个半球紧密合拢，无需用力，就会分开，这是因为球内球外都有大气压力的作用，相互抵消平衡了，好像没有大气作用似的。今天，我把它抽成真空后，球内没有向外的大气压力了，只有球外大气紧紧地压住这两个半球……”

通过这次“大型实验”，人们都终于相信有真空，有大气，大气有压力，大气压很惊人，但是，为了这次实验，格里克市长竟花费了4000英镑。

这位敬爱的市长先生，用他的执着和对科学的敬畏，让人们相信了大气压的存在。虽然，他为此付出了4000英镑。但是，这4000英镑因为买回了人们对科学的信任，赶走了人们的愚昧，这非常有意义。

这个实验是在马德堡市进行的，因此将这两个半球叫“马德堡半球”，而将这个试验叫“马德堡半球实验”。

关于各种氧化现象的实验

实验一：铁在空气里生锈

【实验用品】小试管、带有细玻璃导管的橡皮塞、250毫升广口瓶、新制铁屑少许、水。

【实验步骤】

1. 把少量用水（水中可加一些醋酸）浸湿的铁屑放在一个小试管内，用带有细玻璃导管的橡皮塞塞紧。把露在试管外面的细玻璃管插入盛水的广口瓶中。

2. 每天观察铁屑表面生锈的情况及水面逐渐上升的高度。

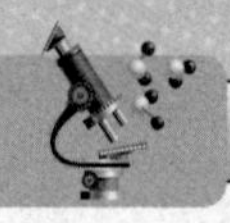

【实验分析】

1. 实验原理：在充满空气的密闭容器中，铁生锈时要消耗氧气，使密闭容器内气体压强低于容器外的大气压强，水即被吸入容器。根据流进容器内的水的体积，可测定空气中氧气的含量。

2. 本实验所需时间较长，铁屑生锈在2～3天后可能出现。氧气绝大部分被消耗则需更长时间。

拓展阅读

氧气

氧气是空气的主要成分之一，无色、无臭、无味。氧气比空气重，在标准状况（0℃和大气压强101 325帕）下密度为1.429克/升，能溶于水，但溶解度很小。

3. 单孔橡皮塞上的玻璃导管的内径越细越好，露出广口瓶波面之外的部分越短越好。

4. 橡皮塞一定要塞紧，装置的气密性好坏是实验成败的关键。

5. 铁屑应先分别用碱、酸液除去表面的油和锈。

6. 水中加些醋酸，使水中 H^+ 增多，铁屑表面形成一层电解质溶液的薄膜，会促进铁屑被腐蚀。

7. 如果先用稀硫酸或稀盐酸洗净铁屑表面的铁锈后，再用浓食盐水泡浸处理，由于氯离子的作用，将会加速铁的缓慢氧化速度。

8. 设计一个对照实验装置，将可加深对缓慢氧化概念的理解。

方法是：在两个装有50毫升水的大烧杯中，同时倒置两个大小相同的试管，其中试管A中附着有经过处理的铁屑，试管B是空的。静置几天后，可观察到A管中水位约上升至管容积的1/5，试管B的水位无什么变化。显然，A管是由于铁的氧化生锈消耗了氧气而使管中气体体积变小。

结合本实验我们可拓展了解一些化学史的知识。

18世纪70年代，法国科学家拉瓦锡做了一个著名的实验。在充满空气的密闭容器中给汞加热，生成氧化汞。反应前后容器的总质量不变，同时容器内的空气体积差不多减少了1/5。从而证明空气中的一部分气体跟汞化合了。他还分析了他所做的燃烧各种物质的实验结果，得出了结论：空气并不像18

世纪科学家所认为的那样是简单物质，而是由具有不同性质的各种气体组成的混合物。拉瓦锡还将生成的氧化汞分解，分解出的气体能与可燃物反应，发生燃烧。而且这些分解出的气体的体积恰好等于密闭容器里所减少的空气的体积。他把这种气体称作“空气中最纯净的部分”，还叫做“最适宜于呼吸的空气”。这种气体实际上就是氧气。氧气的发现和氧学说理论的建立在化学史上具有重要的意义。

拓展阅读

拉瓦锡

拉瓦锡，法国著名化学家，近代化学的奠基人之一，“燃烧的氧学说”的提出者。1743年8月26日生于巴黎，因其包税官的身份在法国大革命时的1794年5月8日于巴黎被处死。拉瓦锡与他人合作制定出化学物种命名原则，创立了化学物种分类新体系。拉瓦锡根据化学实验的经验，用清晰的语言阐明了质量守恒定律和它在化学中的运用。这些工作，特别是他所提出的新观念、新理论、新思想，为近代化学的发展奠定了重要的基础，因而后人称拉瓦锡为近代化学之父。拉瓦锡之于化学，犹如牛顿之于物理学。

实验二：铝箔在空气中的缓慢氧化

【实验用品】注射器（50毫升）、橡皮塞、硝酸汞、铝箔。

【实验步骤】

用药棉签蘸取少量硝酸汞的浓溶液，在铝箔表面（两面）刷一层药液之后，随即用脱脂棉或滤纸把铝箔擦干，迅速把它放入一个50毫升的注射器筒中，插入注射器活塞，使活塞端对准50毫升刻度处。注射端用橡皮塞塞紧封闭1～2分钟之后，可见铝箔表面有鹅毛样的白色氧化铝生成，反应放热使注射器变得温热。由于反应消耗了空气中的氧，使注射器的注射活塞往里推

硝酸汞

硝酸汞助燃，高毒。汞离子可使含巯基的酶丧失活性，失去功能；还能与酶中的氨基、二巯基、羧基、羟基以及细胞膜内的磷酰基结合，引起相应的损害。

进了一段距离。

【实验分析】

实验用的注射器须用棉花或滤纸擦干；用硝酸汞处理后的铝箔也应当充分擦干水分，以免汞剂与水反应产生氢，影响实验结果。

实验三：对苯二酚的缓慢氧化

【实验用品】具支烧瓶、分液漏斗、单孔橡皮塞、玻璃导管、脱脂棉、铁架台（带铁夹）、对苯二酚（几奴尼）、氢氧化钠。

【实验步骤】

1. 在具支烧瓶里装入少量用对苯二酚溶液浸渍过的脱脂棉团。分液漏斗里装氢氧化钠溶液。具支烧瓶的侧管上连一根导管，把它插入盛水的小烧杯中。

2. 当把稀氢氧化钠溶液逐滴加入烧瓶中与棉团的对苯二酚相遇时，对苯二酚被空气中的氧气缓慢氧化生成对苯醌，把棉团染成棕黑色。与此同时，导管中的水位则缓缓上升。

【实验分析】

对苯二酚可用焦性没食子酸（化学名称为1，2，3－三羟基苯）代替，效果最好。它与碱生成焦性没食子酸盐，也是一种强还原剂，吸收氧气的速度最快，常被用来作氧气的吸收剂。只因这种试剂在中学化学里不常使用，才选用对苯二酚。本来对苯二酚也不是中学化学的常用试剂，但它是任何照相馆和照相器材商店里可以零售的常用试剂，可考虑采用，商品名为海德尔。

焦性没食子酸与氧气接触时，被氧化为六羟基联苯钾：

$$C_6H_3(OH)_3+3KOH═C_6H_3(OK)_3+3H_2O$$

$$2C_3H_3(OK)_3+1/2O_2═(KO)_3C_6H_2—C_6H_2(OK)_3+H_2O$$

关于铁的系列实验

实验一：铁钉生锈

【实验用品】试管、烧杯、铁架台、细铁丝。

【实验步骤】

取光亮无锈的细铁丝一段，绕成螺旋状，放入干燥洁净的试管里。固定在铁架台上，并倒立在盛清水的烧杯里。管里的铁丝要高出水面约 3 ~ 4 厘米，且不滑落下来。把这个装置这样放置四天至一周后，可观察到铁丝已生锈，试管里水面升高约为试管高度的 1/5。

【实验分析】

1. 时间足够长，当试管里的氧气完全和铁反应生成铁锈时，试管内进入的水能达到试管高度的 1/5（占空气体积的 1/5）。

2. 本实验应在前 4 ~ 5 天准备好，以备在讲铁的性质时用。铁丝螺旋圈可在进行这个实验的试管外壁绕成，装入试管时把铁丝圈拉长一些即可装入试管内，再把螺旋圈压紧，圈径扩大而紧贴试管内壁不会滑落下来。

硬质玻璃管外吸引。

把氧化铁粉装入硬质玻璃管的中部，然后缓慢均匀地通入一氧化碳片刻，估计空气已赶尽（可用试管收集出口处的气体进行检验，直到无爆鸣声为止）时，开始加热硬质玻璃管，同时点燃导管末端酒精灯，烧掉尾气中的一氧化碳。

起初小心地加热整个玻璃管，而后加大一氧化碳流量，并强热氧化铁 5 分钟左右，待红棕色氧化铁变黑，澄清石灰水变浑浊，停止加热。待直通玻璃管和生成物冷却后，停止通一氧化碳。在直通管外对准生成物的位置，用磁铁吸引管内生成物，可看到磁铁下方生成物的跳动。若把生成物倒在纸上，用磁铁吸引，亦可证明生成物为铁（因 Fe_2O_4 也有磁性，最好做进一步的化学试验，在点滴板上加一滴硫酸铜，洒入少量生成物，可见到红色的铜出现），石灰水变浑浊说明有二氧化碳生成。

拓展阅读

一氧化碳

一氧化碳是一种无色、无臭、有毒性的气体，分子式 CO，分子量 28，是有机物氧化或燃烧的中间产物。

【实验分析】

1. 由于一氧化碳具有还原性，在冶金工业里常用来作还原剂，还原金属氧化物以制取某些金属。

一氧化碳能在高温下还原铁矿石中的氧化铁，同时生成二氧化碳。

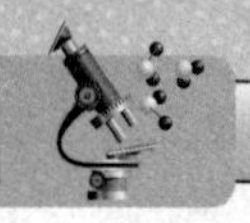

$$Fe_2O_3 + 3CO \xlongequal{点燃} 2Fe + 3CO_2$$

2. 整个装置要密闭。

3. 由于一氧化碳和空气的混合物易爆炸，在加热之前要做纯度检验，保证实验安全。

4. 一定要在停止加热后，生成物已冷却的情况下，再用磁铁检验生成物的磁性。

5. 为除尽有毒气体一氧化碳，可把尾气通过装有氯化亚铜的氨溶液，以吸收一氧化碳：

$$CuCl + 2H_2O + CO = CuCl \cdot CO \cdot 2H_2O$$

知识小链接

氨溶液

氨溶液，用于晕厥、昆虫叮螫、纤维组织炎。

氯化亚铜的氨溶液可用下面的方法配制：

称取氯化铵2.5克、氯化亚铜2克，加水75毫升，配成溶液，再加浓氨水（密度为0.98克/立方厘米）至所生成的沉淀溶解即可。因氯化亚铜的氨溶液易被氧化，可再加入少量铜片或铜屑。

6. 可用一端拉细的无底试管代替硬质玻璃管。用剪短的玻璃丝作载体，和氧化铁混合均匀后装入无底试管，其他装置如前，这样做可缩短实验时间。

7. 也可以用试管代替直通玻璃管，把拌有玻璃丝的氧化铁粉末放入试管中（约装入1/4），塞上双孔塞（插上两根导管）。把试管垂直固定在铁架台上，从长导管通入一氧化碳，生成的二氧化碳从短导管导出。

实验二：硫酸亚铁的制取

【实验用品】烧杯（150毫升）、玻璃棒、量筒（50毫升）、漏斗、蒸发皿、石棉网、三脚架、酒精灯、结晶皿、托盘天平（附砝码）、滤纸、铁刨花、硫酸（浓度为10%和30%）。

【实验步骤】

1. 称取铁刨花10克放在烧杯里，用10%硫酸浸洗三次。

2. 把清洗过的铁刨花放在烧杯里，缓慢地加入30%硫酸50～60毫升，用玻璃棒轻轻搅动，反应中放出很多氢气泡（放在通气处）。

3. 当液体停止放出气泡时，反应结束，过滤，得到硫酸亚铁的清液。

4. 把上述清液倒入蒸发皿里蒸发、浓缩，此时在溶液里加入少量洁净无锈的铁屑，以防止 Fe^{2+} 离子被氧化。待蒸发到液体表面有黏膜出现时，停止加热，放置冷却，让硫酸亚铁在室温中自行结晶析出。倾泻出母液，即得粗制品。

5. 将上述粗制品放在洁净的蒸发皿里，加入少量稀硫酸，加热，使硫酸亚铁熔化，再次过滤后继续加热蒸发，逐步去除硫酸亚铁晶体里的湿存水和部分（全部）结晶水，直至它呈浅绿色或无色为止。

6. 把固体物移放在结晶皿里让它冷却，最后把它放在瓶内密封保存。

【实验分析】

1. 本实验利用铁刨花和硫酸反应制取硫酸亚铁，主要的反应方程式是：

$$Fe + H_2SO_4 = FeSO_4 + H_2\uparrow$$

铁刨花用稀硫酸浸洗后，可能还留有少量氧化铁（Fe_2O_3），会发生下列反应：

$$Fe_2O_3 + 3H_2SO_4 = Fe_2(SO_4)_3 + 3H_2O$$

$$Fe_2(OH)_3 + Fe = 3FeSO_4$$

2. 无水硫酸亚铁在冷却时，会吸收空气里的水分，放置一昼夜后，逐渐变成不含湿存水而含有部分结晶水的浅绿色硫酸亚铁晶体。

3. 铁刨花不是纯铁，里面含有杂质，所以它与硫酸反应时散出的气体有一股难闻的臭气，并且有害，这一操作应在通风橱内或在室外进行。

4. 铁刨花与硫酸反应所得的粗制硫酸亚铁溶液，因含有杂质，常常成为粘稠状的浑浊液体，须趁热过滤，冷却后较难过滤。

5. 为了防止硫酸亚铁晶体被氧化，要使它脱水后再结晶，在加热脱水时要加入少量较纯的稀硫酸。因为在酸性环境下加热，Fe^{2+} 离子不容易变成 Fe^{3+} 离子。

实验三：铁与水的反应

【实验用品】铁架台、酒精灯、酒精喷灯、水槽、玻璃管（口径约2～3厘米，长约45厘米）、烧瓶、导管、单孔胶塞、试管、还原铁粉。

【实验步骤】

1. 把仪器连接好，检查气密性。在烧瓶中装入1/3～1/2升积的水，在玻璃管中央铺一薄层还原铁粉。

2. 同时加热烧瓶和玻璃管，当水蒸气通过灼热的铁粉时，很快有氢气放出，用排水法在试管中收集气体，点燃试管中收集到的气体，证明是氢气。

水槽

水槽，用于排水法收集气体或用来盛大量水的仪器，不可加热。典型应用：高锰酸钾催化分解过氧化氢制取氧气。

【实验分析】

1. 铁在常温时（有氧气存在下）和水能缓慢作用，例如铁锈的生成。在高温时铁能和水蒸气反应，生成四氧化三铁和氢气：

$$3Fe+4H_2O（气）=\!=\!=Fe_3O_4+4H_2$$

2. 反应中所用铁粉要用还原铁粉，如果铁粉已部分被氧化，使用前应用氢气进行还原处理。该反应要在高温下才能发生，故在铁粉处应用酒精喷灯加热，火焰对准铺铁粉处，铁粉要铺开，以扩大和水蒸气的接触面积。

实验四：铁的钝化

【实验用品】250毫升广口试剂瓶5个（带磨口瓶塞）、三角锉、铁锤、镊子、砂纸、铁片2片（约3厘米×12厘米）、发烟硝酸、6摩尔/升硝酸、浓盐酸、1摩尔/升硫酸铜溶液、6摩尔/升盐酸、蒸馏水。

【实验步骤】

1. 铁片除锈。用砂纸擦净铁锈，并用6摩尔/升盐酸洗净，再用自来水和蒸馏水冲洗。

2. 钝化膜的形成。在三个广口瓶中分别加入200毫升浓盐酸、发烟硝酸、蒸馏水。用镊子夹持铁片在浓盐酸中浸一下取出，待过剩的浓盐酸滴完后，再浸入发烟硝酸中约2分钟；小心地将铁片取出，再放入蒸馏水中清洗，铁表面即形成了钝化膜。

3. 在两个广口瓶中分别加入200毫升6摩尔/升的硝酸和硫酸铜溶液，把钝化过的铁片小心地浸入硝酸中观察。取出铁片用锉刀锉一下，或用铁锤击一下，再浸入硝酸中，剧烈反应，产生红棕色二氧化氮气体。

将另一片钝化过的铁片，小心浸入硫酸铜溶液中一会儿，然后轻轻提取出来，看到铁片表面仍为白色，没有发生反应。再用铁锤轻击一下，观察，从被击的一点开始，紫红色的铜立即在铁片上蔓延开，白色铁片上很快覆盖了一层紫红色的铜。

锉刀

锉刀，用以锉削的工具。

【实验分析】

1. 铁易溶于稀硝酸，又能与硫酸铜溶液发生置换反应，反应方程式分别为：

$Fe + 4HNO_3$（稀）$=\!=\!= Fe(NO_3)_3 + NO\uparrow + 2H_2O$

$Fe + CuSO_4 =\!=\!= Cu + FeSO_4$

但当把铁片在冷的浓硝酸中浸过后，硝酸就把铁的表面氧化，生成一层薄而致密的氧化物（即钝化膜），阻止铁的内部进一步氧化。用铁锤击一下或用锉刀锉一下，钝化膜即被破坏，铁又恢复原来的性质，可与稀硝酸和硫酸铜溶液反应。冷的浓硝酸、浓硫酸都能使铝和铁钝化，所以，工业上用铝或铁制容器来贮存、装运浓硝酸和浓硫酸。

2. 形成钝化膜时必须用发烟硝酸，当发烟硝酸和浓盐酸用完后，应马上盖上瓶塞，防止挥发。制成的钝化铁片，一定要小心取放，不能和广口瓶壁或其他物件碰撞。

从硫酸铜溶液中取出的钝化铁片要平放，使表面存留一层硫酸铜溶液，当用锤轻击后，硫酸铜溶液就和铁立即反应，铜被置换出来。

3. 检验钝化膜的性质时要用稀硝酸，浓度以6摩尔/升左右为宜，硝酸的还原产物主要是一氧化氮，也有一部分二氧化氮。当一氧化氮接触空气时被氧化成二氧化氮，所以观察到的气体为红棕色。

实验五：铁的自燃

【实验用品】石棉网、试管、烧杯、漏斗、滤纸、铁架台、酒精灯、胶塞、玻璃棒、硫酸亚铁晶体（$FeSO_4 \cdot 7H_2O$）、草酸晶体（$H_2C_2O_4 \cdot 2H_2O$）。

【实验步骤】

1. 制取草酸亚铁晶体（$FeC_2O_4 \cdot 2H_2O$）：配制等摩尔浓度（约2~3摩尔/

升）硫酸、亚铁和草酸溶液，取等体积的两种溶液（20 毫升左右）相混合，则有黄色草酸亚铁晶体沉淀析出。过滤，洗涤沉淀，再用滤纸把沉淀吸干。

2. 制取自燃铁粉：把制得的草酸亚铁移入试管中，在酒精灯上加热，直到黄色的草酸亚铁晶体完全转变为灰黑色粉末，此灰黑色粉末即为自燃铁粉。然后用胶塞塞紧试管口，将试管放在安全的地方（远离易燃物品）。

3. 另取一支试管，装入普通铁粉，用磁铁在试管外壁分别吸引自燃铁粉和普通铁粉，观察到它们都能被磁铁吸引。取两块石棉网，将两种铁粉都慢慢地倒在石棉网上，普通铁粉不会燃烧，而自燃铁粉则立即起燃。

知识小链接

磁铁

磁铁成分是铁、钴、镍等原子的内部结构比较特殊，其原子本身就具有磁矩。一般情况下，这些矿物分子的排列较混乱。而它们的磁区互相影响并显示不出磁性来，但是在外力（如磁场）导引下其分子的排列方向就会趋向一致，其磁性就会明显地显示出来，也就是我们平时俗称的磁铁。

【实验分析】

1. 自燃铁粉的自燃作用，主要是它的粒度很细，具有很大的氧化表面积，因而反应很快。这个实验说明固体物质的化学反应速度与反应物的接触面积有关。

2. 硫酸亚铁与草酸在溶液中发生的反应离子方程式为：

$$Fe^{2+} + H_2C_2O_4 + 2H_2O = FeC_2O_4 \cdot 2H_2O \downarrow + 2H^+$$

制取草酸亚铁也可用草酸铵溶液和六水合硫酸亚铁铵溶液相互混合制得。草酸亚铁受热分解生成铁和二氧化碳：

$$FeC_2O_4 \cdot 2H_2O = Fe + 2CO_2 \uparrow + 2H_2O$$

3. 在加热草酸亚铁时，试管口应稍向下倾斜，产生的水蒸气会在试管内壁上凝结，要用滤纸吸去。当加热物质逐渐变为黑色粉末后，把试管在灯焰上不断来回移动，以把试管壁上的水珠尽量烘干，管口水珠仍用滤纸吸干。尽量使试管内物质干燥，然后立即塞上塞子，以保证自燃成功。

4. 自燃铁粉在使用之前，要把试管放在安全处，同时要远离易燃物品，以防试管被打破引起火灾。配制药品时要计算好用量，制得的自燃铁粉，一次实验要能完全用掉，不能保存，同样是为防止引起火灾。

5. 演示铁粉自燃时，可以把自燃铁粉缓慢地撒到事先烘干的报纸上，铁粉跟纸接触的地方就有火星出现，甚至报纸会着火燃烧。如把这种铁粉撒在事先用氯化锶、氯化钡的饱和溶液浸过而又设法烘干的疏松棉花上（在棉花里再混加一些铝粉或铁粉）就可得到灿烂夺目的彩色焰火了。

关于氧气的系列实验

实验一：人造氧气

【实验用品】500 毫升烧杯、胶头滴管、螺旋状铁丝、棉花、蜡烛、药匙、过氧化钠、无水碳酸钠粉末、草酸。

【实验步骤】

1. 装置安装就绪。

2. 用胶头滴管在碳酸钠和草酸的固体混合物上滴加几滴水，使草酸与碳酸钠发生反应，产生大量无色的二氧化碳气体。

3. 生成的二氧化碳使点燃的蜡烛火焰熄灭。

4. 过一会儿，二氧化碳又与过氧化钠反应，使棉花燃烧起来。

拓展阅读

无水碳酸钠

无水碳酸钠，白色粉末，无气味，有碱味，有吸湿性。它露置空气中逐渐吸收1 摩尔/升水分（约 15%），400℃时开始失去二氧化碳，遇酸分解并沸腾，溶于水（室温时 3.5 份，35℃时 2.2 份）和甘油，不溶于醇。它的水溶液呈强碱性，pH 值 11.6。

【实验分析】

1. 本实验中的二氧化碳是利用草酸和碳酸钠反应而制得，因为草酸的酸性大于碳酸。所以，草酸能跟碳酸钠起反应生成碳酸，碳酸又分解成二氧化碳和水。

2. 用棉花包裹过氧化钠时，底部的棉花要薄一些，上面则要包紧。

3. 螺旋状铁丝要高于点燃的蜡烛。因为实验现象是蜡烛先熄灭，棉花后燃烧。

4. 碳酸钠与草酸的用量各3药匙，混合均匀后，再放入烧杯中，并且要靠近蜡烛，这样可以使现象更为明显。

5. 碳酸钠与草酸反应是放热的，而二氧化碳与过氧化钠反应又放出氧气，所以使棉花燃烧起来。

6. 这个反应被用于潜艇水下航行时制造氧气之用，同时又可以将二氧化碳转化，防止从水下排出让敌人发现。

实验二：氧在氢气中燃烧

【实验用品】粗玻璃管（内径约20毫米）、玻璃导管、启普发生器、大试管、铁架台（带铁夹）、酒精灯、锌粒、稀硫酸、高锰酸钾。

【实验步骤】

1. 把仪器安装好。

2. 打开启普发生器的活塞，向A管中通入氢气。稍通片刻，待A管中氢气很纯时，移火焰到A管管口，将氢气点燃。

3. 加热高锰酸钾制取氧气，氧气沿着B导管流出，然后将B管移到A管的下端，使B管管口与A管管口相平。在B管管口出现一个黄色的小火焰，将B管逐渐伸进A管内，火焰就更为明亮。

拓展阅读

启普发生器

启普发生器是一种气体发生器，又称启氏气体发生器或氢气发生器。它常被用于固体颗粒和液体反应的实验中以制取气体。典型的实验就是利用稀盐酸和锌粒制取氢气。

【实验分析】

1. 从实验现象看是氧气在氢气中燃烧，但反应的本质仍然是氢气被氧化，也就是氢气燃烧。

2. 要待A管中氢气很纯时，才可移火焰到A管管口，否则不安全。

实验三：氧气与氢气的混合体爆炸

方法一

【实验用品】启普发生器、水槽、无底玻璃瓶、大试管、铁架台（带铁夹）、酒精灯、橡皮塞、铁丝、棉花、锌粒、稀硫酸、氯酸钾、二氧化锰、酒精。

【实验步骤】

1. 把仪器安装好。

2. 具体操作。

加热试管，当产生大量氧气时，打开启普发生器的活塞（因硫酸与锌粒反应快），这时水槽水面上即有许多气泡产生。用一端缠有棉花球的铁丝，蘸着酒精并点燃，然后用它点燃水面上的气体，就会发生连珠炮式的爆炸。

【实验分析】

1. 此实验可以使同学清楚地看到，水泡内是氢气和氧气的混合气体，实验中会发生连珠炮式的爆炸。

2. 所用氯酸钾量应多一些，这样产生的氧气量比较充足，使实验成功率高。

氢气和氧气混合器的出气口与水面距离不得少于4厘米，否则不安全。

3. 此实验也可以把氢气和氧气的混合气预先制好放入储气袋中，然后进行实验。但不要用潞气瓶，否则不安全。

拓展阅读

软木塞

软木塞，不论材质是天然的或合成（人造）的，均能达到密封的效果，且不受形状的限制。应用于：1. 高档酒类包装的封口。如：葡萄酒、香槟酒、果酒、黄酒等。2. 各种工艺品配饰。3. 特殊瓶装液体的包装，如：高级植物油。

方法二

【实验用品】有机玻璃管或透明塑料管、橡皮塞、软木塞、铜丝、高压感应圈、铁架台、启普发生器、大试管、酒精灯、锌粒、稀硫酸、氯酸钾、二氧化锰。

【实验步骤】

1. 爆炸管的准备

把两根铜丝各磨成针形，穿过橡皮塞（间隔约10毫米）然后使针形尖端相对（间隔约2.5毫米），形成两个放电电极。把橡皮塞塞入无色有机玻璃管

(内径20毫米、长200毫米)的一端,用胶粘剂粘牢。

2. 氢气和氧气收集

把有机玻璃管放在水槽中用排水取气法收集1/3体积的氧气,然后再收集2/3体积的氢气。用软木塞塞住有机玻璃管的另一端。用铁夹把试管固定在铁架台上。

3. 混合气体引爆

用导线把低压电源(6~12伏)与高压感应圈和管内两个电极连接好,注意高压感应圈的火花距离应稍大一些。打开开关,可看到有机玻璃管内出现一团火,并将上端的软木塞像炮弹一样射出去。

【实验分析】

1. 此实验现象十分有趣。

2. 如果用一般玻璃管代替有机玻璃管时,应在管外包一层塑料薄膜或其他纤维织物以确保安全。

基本小知识

纤维

纤维,一般是指细而长的材料。纤维具有弹性模量大,塑性形变小,强度高等特点,有很高的结晶能力,分子量大,一般为几万。

方法三

【实验用品】具支试管、唧气球、酒精灯、具支U形管、启普发生器、橡皮导管、水槽、分液漏斗、玻璃管、铁架台、单孔塞蒸发皿、锌粒、稀硫酸(1:4)、肥皂液。

【实验步骤】

1. 当锌与稀硫酸反应生成的氢气不断涌进玻璃管内鼓起气泡逸出时,可在玻璃管口点燃氢气。如果随即捏放唧气球鼓进空气时,立即发出尖锐的爆鸣声。

2. 当锌与稀硫酸反应生成的氢气导入水槽内的玻璃管下口鼓起气泡时,点燃氢气(有时也在管内安全爆炸)。捏放唧气球鼓进空气时,尖嘴管口的火焰引燃玻璃管内的氢、氧混合气体,发出断续的爆鸣声,有时还把轻松搁放在管口的木塞高高弹起(必要时可用一段细铜丝把木塞塞在管口上)。

3. 当启普发生器的氢气在具支U形管的大弯处逐渐鼓起气泡时，可点燃氢气。这时捏放唧气球鼓进适量空气所形成的混合气体，在具支U形管的管内猛烈爆鸣，有时还把用橡皮筋系起的硬纸片反复弹起。

4. 找一个开有大口的易拉罐，底部钻一个小眼，用胶布堵住小眼，通一会儿氢气，使罐内充满氢气。把罐体移开氢气源，启开堵眼的胶布，用燃着的木条在小眼处点火，如果罐内充入的氢气较多，则先是氢气燃烧，随即是罐的开口处进入空气，迅速形成氢气空气的混合气体发生安全爆炸。如果罐体内的氢气较少又恰好在氢气的爆炸极限（4% ~74.2%）以内，点火时会立即爆炸。

5. 找一根有15厘米左右试管粗细的普通玻璃管（或去底的试管），用排水法集满一管氢气，管的下口用单孔塞堵住，上口用实心塞堵住，竖直地夹持在铁架台上，当取下上口的实心塞，用燃着的木条在管口点火时，起初氢在管口燃烧，继而是因管的下口单孔塞吸入空气，从而形成氢氧的爆鸣气在管内爆鸣。

拓展阅读

木条

木条，即木衬条，主要用于装饰过程中的打衬底，起稳定、隔离作用。优质产品应为几何尺寸规则，很少豁皮，少大树死节，为了保障装修效果，应使用干燥过的木衬条。

【实验分析】

1. 只要氢气或氢氧混合气体离导气管口到水面有2 ~3厘米的高度，氢氧的爆鸣是绝对安全的。

2. 氢气流不必太大，鼓进空气的量以及恰当的爆鸣效果，都须在演示前取得经验性认识。

实验四：气压对氧气溶解的影响

【实验用品】具支烧瓶（250毫升）、注射器、橡皮塞、橡皮管。

【实验步骤】

具支烧瓶里装入约2/3体积的水和一条小鱼。当注射器的活塞往外拉，且反复多次后，因空气在水中溶解迅速降低、鱼在水中因缺氧呼吸困难，挣扎般地游动着，几分钟后鱼即死掉。如果在此期间又将它放入另外的水中，

“死”的鱼又会死而苏醒，畅游了起来。

关于二氧化碳（一氧化碳）的系列实验

实验一：二氧化碳的研究实验

【实验用品】圆底烧瓶、分液漏斗、集气瓶、水槽、铁架台（带铁夹）、碳酸钙粉末、稀硫酸（1∶5）。

【实验步骤】

1. 把大理石、钟乳石、石笋、白垩、石灰石中的任何一种，在研钵里粉碎并磨成细粉。

2. 制备二氧化碳的装置。在左边的烧瓶里放些石灰石粉末，从分液漏斗里加入1∶5的稀硫酸，反应异常迅速。可用向上排空气集气法，或用排水（水中加入2～3滴稀硫酸）取气法收集二氧化碳。

【实验分析】

1. 学生常常有一种误解，以为碳酸钙不与硫酸反应。这里有个反应条件的问题：实验表明，呈块状的碳酸钙，确是因反应生成微溶性$CaSO_4$附着在碳酸钙表面，阻止反应的继续进行，似有反应刚开始，就呈现反应趋于结束的情况。因此不能用块状的石灰石、大理石、钟乳石等与稀硫酸反应制二氧化碳。但是粉碎了的碳酸钙粉末与稀硫酸的接触面积大大增加，反应速度也大大加快，因此也可用于实验室制二氧化碳。只不过增加了一道粉碎磨细石灰石的操作过程。可见，反应物相同，反应条件（粉细程度）不同，实验结果也会不一样。

2. 能不能用排水取气法来收集二氧化碳要视具体情况而定。

（1）考虑到二氧化碳要溶于水，不能用排水取气法来收集少量的二氧化碳。

（2）考虑到二氧化碳在水中的溶解度不大（通常状况下，1体积的水约能溶解1体积二氧化碳），而且溶解速度又慢。通常收集大量的二氧化碳，可以用排水取气法来收集。

（3）收集少量或不含混有空气的二氧化碳时，可以采用排稀酸（只需在集气水槽中加几滴盐酸或宛酸）的方法来收集二氧化碳。因为二氧化碳溶于水，但不溶于稀酸。

实验二：一氧化碳的毒性

【实验用品】制取氧和一氧化碳的简易发生装置、试管、试管架、酒精灯、导管、棉花、药匙、量筒、烧杯、锰酸钾、甲酸、浓硫酸、4%柠檬酸钠溶液、新鲜鸡血。

【实验步骤】

1. 鸡全血及其稀释液的制备。往烧杯中加入100毫升4%柠檬酸钠溶液，作为血液的抗凝剂。倒入新鲜鸡血，然后搅动，使鸡血与抗凝剂充分混合，即得到暗红色的全血。把全血用蒸馏水按1∶30比例稀释，稀释后血液呈深红色备用。

知识小链接

抗凝剂

应用物理或化学方法，除掉或抑制血液中的某些凝血因子，阻止血液凝固，称为抗凝。能够阻止血液凝固的化学试剂或物质，称为抗凝剂或抗凝物质，如天然抗凝剂（肝素、水蛭素等）、Ca^{+2}螯合剂（柠檬酸钠、氟化钾）。

2. 安装好制取一氧化碳的简易装置，在试管内盛2毫升甲酸，小心地加入2毫升浓硫酸，用具有带导管的橡皮塞塞紧，单导管再用橡皮管与通气导管相连，然后固定在铁架台上。

3. 装好制氧气简易发生装置。

4. 两个试管并列地放在试管架上，往试管内各加入5毫升鸡血稀释液，其中一个试管内的血液做对比用，往另一个试管内的血液中通入一氧化碳气体。实验开始时，先微火加热盛有甲酸和浓硫酸混合物的试管，并将导气管伸入盛有血液的试管内，然后加热火力稍强。此时可见试管内有连续气泡通入血液内，30秒后先取出导管再熄灭酒精灯。此时把通入一氧化碳气体的血液与正常血液进行观察对比，可见血液与一氧化碳接触后颜色变成樱桃红色而正常血液呈深

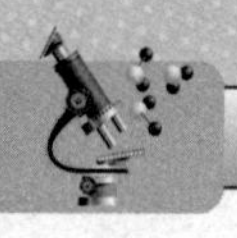

红色，现象很明显。这说明一氧化碳的毒性在于与血液发生作用。

5. 另取两个试管并列地放在试管架上，往试管内各加入5毫升血液稀释液，一个试管内通入一氧化碳气体。另一试管内通入氧气，30秒后停止通气。分别取出导管，在蒸馏水中洗净后，相互交换位置，插入对方的试管里。可见在已通入氧气的血液里再通入一氧化碳气体后，血液很快变成樱桃红色，这是一氧化碳跟血红蛋白结合后的颜色。而已通入一氧化碳气体的血液已呈樱桃红色，此时再通入氧气却不能使樱桃红色变成正常鸡血稀释液的深红色，这说明一氧化碳跟血红蛋白结合得很牢固。通过实验可加深对一氧化碳毒性的认识。

【实验分析】

1. 实验材料除鸡血外，还可采用兔血、鼠血。但是从兔耳静脉采血时需注意，兔血易凝固，需在注射器内放入抗凝剂后再取血，否则血液会凝固在注射器内。

2. 医院临床生化检验室为煤气中毒患者进行血液一氧化碳定性实验时，在血液中加入3.8%柠檬酸钠溶液。柠檬酸钠又叫枸橼酸钠，分子式为$Na_3C_6H_5O_7$。

3. 本实验不宜直接使用全血（指加入抗凝剂的血液）。用蒸馏水将全血按1:30倍数稀释，实验效果最好；按1:50倍数稀释，检验效果也可令人满意。

4. 必须连续通入一氧化碳使气泡不断产生，这是实验成败的关键。如果间断通入气体，虽然通入时间与连续通入气体的时间相同，但实验效果却不明显。

5. 一氧化碳对血红蛋白的亲和力比氧约大210倍，故形成一氧化碳血红蛋白较氧合血红蛋白更为稳定。以上实验也证实了这点，这说明一氧化碳的毒性在于使血液中氧合血红蛋白减少，生物体内组织因而缺氧，严重时可危及生命。因此冬季生煤炉取暖时要防止煤气中毒。

实验三：一氧化碳转化成二氧化碳

【实验用品】烧瓶、分液漏斗、酒精灯、铁架台（带铁环、铁夹）、洗气瓶、粗玻璃管、烧杯、棉花、玻璃导管、橡皮管、双孔塞、甲酸、浓硫酸、澄清石灰水、氧化铜、二氧化锰。

【实验步骤】

1. 安装好实验装置。

2. 将甲酸逐滴加入浓硫酸中混合加热，生成的一氧化碳通入装有澄清石灰水的洗气瓶（不显浑浊），导入装满体积比大约为1:1的二氧化锰和氧化铜混合物的粗玻璃管中（玻璃管的两端用棉花团堵住混合物）。最后导出的气体能使澄清的石灰水变浑浊。说明一氧化碳在室温条件下被二氧化锰和氧化铜的混合物氧化成了二氧化碳。

烧瓶

烧瓶，一种用于液体蒸馏或分馏物质的玻璃容器。常与冷凝管、接液管、接液器配套使用，也可装配气体发生器。

【实验分析】

1. 一氧化碳能在空气中燃烧，这说明氧能将一氧化碳氧化成二氧化碳。在加热条件下，一氧化碳能把氧化铁、氧化铜还原成铁和铜，这说明在加热条件下氧化铁、氧化铜能把一氧化碳氧化成二氧化碳。本实验表明某些金属氧化物或某些金属氧化物的混合物，在室温条件下也能将一氧化碳迅速氧化成二氧化碳。

2. 生产上用氧化银、二氧化锰、氧化钴和氧化铜的混合物做成防毒面具的化学吸收剂，正是基于这些氧化物（特别是氧化银）在室温条件下能将一氧化碳迅速氧化成二氧化碳的这种性质的应用。

3. 甲酸经浓硫酸脱水生成的一氧化碳中，本来不存在二氧化碳，只是在教学演示中为了充分证明导入玻璃管前的气体中没有二氧化碳才安装洗气瓶。

4. 氧化银的效果很好，只因价格较贵，在普通实验条件下，用二氧化锰和氧化铜的混合物都有理想的氧化效果。

实验四：气压对二氧化碳溶解的影响

【实验用品】具支试管、分液漏斗、注射器、单孔橡皮塞、橡皮管、2%碳酸氢钠溶液、稀醋酸。

【实验步骤】

1. 在一个具支试管里加入约2/3体积的2%碳酸氢钠溶液，管口用配有分液漏斗的单孔橡皮塞塞紧。支管处用橡皮管连一个容量为50毫升的注射器。

2. 分液漏斗中加入稀醋酸。实验时，先启开分液漏斗活塞，滴入1~2毫升稀醋酸，试管中便有大量二氧化碳气泡生成，所产生的压强将注射器的活塞往外推出一段距离。用手推进注射器活塞时管内压强加大，此时二氧化碳的溶解度也增大，气泡迅速减少甚至完全消失；再将注射器活塞往外拉，减低管内压强，此时二氧化碳的溶解度减小，于是溶液中又逸出大量的二氧化碳气泡。实验表明，二氧化碳气体的消失和重现，正是压强变化的结果。

【实验分析】

1. 为使观察现象清楚，可在具支试管内的溶液中加入2~3滴红色或蓝色墨水。

2. 分液漏斗中所用的稀酸，可以是醋酸也可以是草酸、柠檬酸或稀硫酸(1:5)；具支试管里的溶液，可以是小苏打，也可以是硫酸钠或二氧化硫饱和水溶液。

化学实验用品面面观

任何化学实验都离不开化学实验用品。我们量取一定量的液体需要用到量筒，固体称重则要用天平，而试管不仅可以盛取试剂，也可以收集气体……化学实验用品的种类多多，只有了解了它们各自的功能和用途，我们才能更好地运用它们。

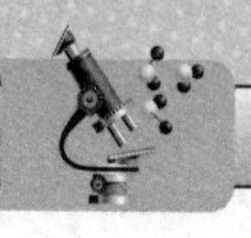

试　管

规格：试管分普通试管、具支试管、离心试管等多种。

普通试管的规格以外径（毫米）×长度（毫米）表示，如 15×150、18×180、25×200 等。

离心试管以容量毫升数表示。

◎注意事项

1. 普通试管可以直接加热。

2. 装溶液时不超过试管体量的 1/2，加热时不超过试管的 1/3。

3. 加热时必须用试管夹，夹在接近试管口部位。

4. 加热时先使试管均匀受热，然后在试管底部加热，并不断移动试管。这时应将试管倾斜约 45°，管口不要对着有人的方向。

试　管

5. 用滴管往试管内滴加液体时不能伸入试管口。

6. 取块状固体放入试管要用镊子，不能使直接固体坠入试管中，防止试管底破裂。

7. 加热后不能骤冷，防止破裂。

8. 加热时要预热，防止试管骤热而爆裂。

9. 加热时要保持试管外壁没有水珠，防止受热不均匀而爆裂。

10. 加热后不能在试管未冷却至室温时就洗涤试管。

◎主要用途

1. 盛取液体或固体试剂的容器。
2. 加热少量固体或液体的容器。
3. 制取少量气体反应器。
4. 收集少量气体用的容器。
5. 溶解少量气体、液体或固体的溶质的容器。
6. 离心时作为盛装的容器。
7. 用作少量试剂的反应容器，在常温或加热时使用。

烧　杯

烧杯是一种常见的实验室玻璃器皿，通常由玻璃、塑料或者耐热玻璃制成。烧杯呈圆柱形，顶部的一侧开有一个槽口，便于倾倒液体。有些烧杯外壁还标有刻度，可以粗略地估计烧杯中液体的体积。

烧杯一般都可以加热，在加热时一般应该均匀加热，最好不要干烧。

烧杯经常用来配置溶液和作为较大量的试剂的反应容器。在操作时，经常会用玻璃棒或者磁力搅拌器来进行搅拌。

常见的烧杯的规格有：5 毫升、10 毫升、15 毫升、25 毫升、50 毫升、100 毫升、250 毫升、400 毫升、500 毫升、600 毫升、1000 毫升、2000 毫升。

◎使用方法

1. 烧杯因其口径上下一致，取用液体非常方便，是做简单化学反应最常用的反应容器。

2. 烧杯外壁有刻度时，可估计其内的溶液体积。

3. 有的烧杯在外壁上亦会有一小区块呈白色或是毛边化，在此区内可以用铅笔写字描述所盛物的名称。若烧杯上没有此区时，则可将所盛物的名称写在标签纸上，再贴于烧杯外壁作为标识之用。反应物需要搅拌时，通常以玻璃棒搅拌。

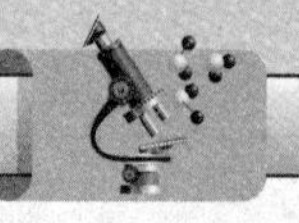

4. 当溶液需要移到其他容器内时，可以将杯口朝向有突出缺口的一侧倾斜，即可顺利地将溶液倒出。

5. 若要防止溶液沿着杯壁外侧流下，可用一支玻璃棒轻触杯口，则附在杯口的溶液即可顺利地沿玻棒流下。

◎ 主要用途

1. 物质的反应器，确定燃烧产物的容器。
2. 溶解、结晶某物质的容器。
3. 盛取、蒸发浓缩或加热溶液的容器。
4. 盛放腐蚀性固体药品进行称重的容器。

◎ 注意事项

烧杯用做常温或加热情况下配制溶液、溶解物质和较大量物质的反应容器。使用烧杯应注意：

1. 给烧杯加热时要垫上石棉网，以均匀供热，不能用火焰直接加热烧杯。因为烧杯底面大，用火焰直接加热，只可烧到局部，使玻璃受热不匀而引起炸裂。加热时，烧杯外壁须擦干。

2. 用于溶解时，液体的量以不超过烧杯容积的 1/3 为宜，并用玻璃棒不断轻轻搅拌。溶解或稀释过程中，用玻璃棒搅拌时，不要触及杯底或杯壁。

3. 盛液体加热时，不要超过烧杯容积的 2/3，一般以烧杯容积的 1/2 为宜。

4. 加热腐蚀性药品时，可将一表面皿盖在烧杯口上，以免液体溅出。

5. 不可用烧杯长期盛放化学药品，以免落入尘土和使溶液中的水分蒸发。

6. 不能用烧杯量取液体。

锥形瓶

硬质玻璃制成的纵剖面呈三角形状的滴定反应器。口小、底大，有利于滴定过程进行振荡时，反应充分而液体不易溅出。该容器可以在水溶或电炉上加热。

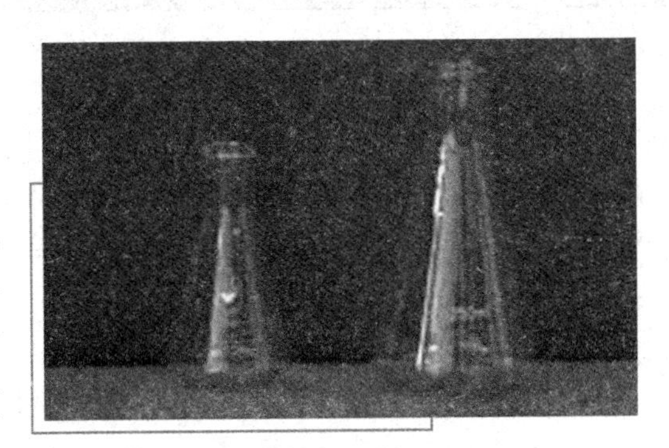

锥形瓶

锥形瓶为平底窄口的锥形容器，一般皆使用于滴定实验中。为了防止滴定液下滴时会溅出瓶外，造成实验的误差，再将瓶子放在磁搅拌器上搅拌；也可以用手握住瓶颈以手腕晃动，即可顺利地搅拌均匀 。

锥形瓶亦可用于普通实验中，制取气体或作为反应容器。其锥形结构相对稳定，不会倾倒。

规格：以毫升计，5 毫升 ~2 升。

用途：盛装反应物，定量分析。

◎ 注意事项

1. 注入的液体最好不超过其容积的 1/2，过多容易造成喷溅。
2. 加热时使用石棉网（电炉加热除外）。
3. 烧杯外部要擦干后再加热。
4. 使用后用专用洗涤剂清洗干净，进行烘干，保存在干燥容器中。
5. 一般不用于储存液体。
6. 振荡时同向旋转。

◎ 锥形瓶衍生物

具支锥形瓶：在锥瓶侧面加一支管，又叫吸滤瓶，作用同具支管试管。

碘量瓶：在锥形瓶口上使用磨口塞子，并且加一水封槽，用于碘量分析，盖塞子后以水封瓶口。

烧　瓶

◎ 使用方法

烧瓶通常具有圆肚细颈的外观，与烧杯明显不同。它的窄口是用来防止溶液溅出或是减少溶液的蒸发，并可配合橡皮塞的使用，来连接其他的玻璃器材。当溶液需要长时间的反应或是加热回流时，一般都会选择使用烧瓶作为容器。烧瓶的开口没有像烧杯般的突出缺口，倾倒溶液时更易沿外壁流下，所以通常都会用玻璃棒轻触瓶口以防止溶液沿外壁流下。烧瓶因瓶口很窄，不适用玻璃棒搅拌，若需要搅拌时，可以手握瓶口微转手腕即可顺利搅拌均匀。若加热回流时，则可于瓶内放入磁搅拌器，以加热搅拌器加以搅拌。烧瓶随着其外观的不同可分平底烧瓶和圆底烧瓶两种。通常平底烧瓶用在室温下的反应，而圆底烧瓶则用在较高温的反应。这是因为圆底烧瓶的玻璃厚薄较均匀，可承受较大的温度变化。

烧　瓶

◎ 注意事项

1. 应放在石棉网上加热，使其受热均匀。加热时，液体量不超过容积的2/3，不少于容积的1/3。烧瓶外壁应无水滴。

2. 平底烧瓶不能长时间用来加热。

3. 不加热时，若用平底烧瓶作反应容器，无需用铁架台固定。

4. 配置附件（如温度计等）时，应选用合适的橡胶塞，特别注意检查密封性是否良好。

5. 蒸馏时最好先在瓶底加入少量沸石，以免暴沸。
6. 蒸馏完毕必须先关闭活塞后再停止加热，防止倒吸。
7. 蒸馏或分馏要与胶塞、导管、冷凝器等配套使用。

◎主要用途

1. 液体和固体或液体间的反应器。
2. 装配气体反应发生器（常温、加热）。
3. 蒸馏或分馏液体（用带支管烧瓶又称蒸馏烧瓶）。

基本小知识

分馏

分馏，与蒸馏相同，即分离几种不同沸点的挥发性成分的混合物的一种方法。混合物先在最低沸点下蒸馏，直到蒸气温度上升前将蒸馏液作为一种成分加以收集。蒸气温度的上升表示混合物中的次一个较高沸点成分开始蒸馏。然后将这一组分开收集起来。

漏　斗

漏斗的种类很多，常用的有普通漏斗、热水漏斗、高压漏斗、分液漏斗和安全漏斗等。按口径的大小和口径的长短，可分成不同的型号。小学自然教学中一般用6厘米短颈漏斗。

漏斗是过滤实验中不可缺少的仪器。过滤时，漏斗中要装入滤纸。滤纸有许多种，根据过滤的不同要求可选用不同的滤纸。自然教学可使用普通性滤纸，应根据漏斗的尺寸购买相应尺寸的滤纸。

◎使用方法

1. 将过滤纸对折，连续两次，叠成90°圆心角形状。

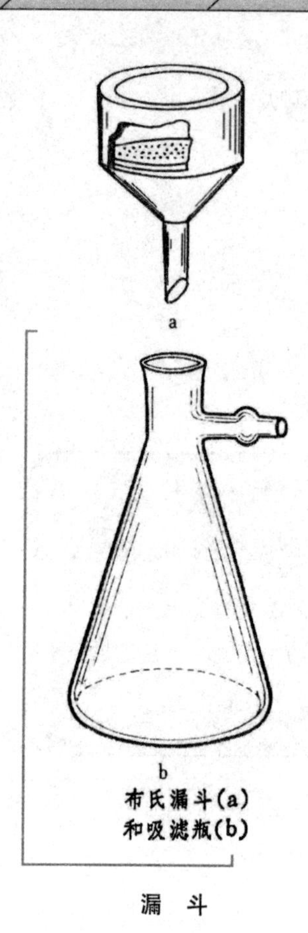

布氏漏斗(a)
和吸滤瓶(b)

漏　斗

2. 把叠好的滤纸，按一侧三层，另一侧一层打开，成漏斗状。

3. 把漏斗状滤纸装入漏斗内，滤纸边要低于漏斗边，向漏斗口内倒一些清水，使浸湿的滤纸与漏斗内壁贴靠，再把余下的清水倒掉，待用。

4. 将装好滤纸的漏斗安放在过滤用的漏斗架上（如铁架台的圆环上），在漏斗颈下放接纳过滤液的烧杯或试管，并使漏斗颈尖端靠于接纳容器的壁上。

5. 向漏斗里注入需要过滤的液体时，右手持盛液烧杯，左手持玻璃棒，玻璃棒下端靠紧漏斗三层纸一面上，使杯口紧贴玻璃棒，待滤液体沿杯口流出，再沿玻璃棒倾斜之势，顺势流入漏斗内，流到漏斗里的液体的液面不能超过漏斗中滤纸的高度。

6. 当液体经过滤纸，沿漏斗颈流下时，要检查一下液体是否沿杯壁顺流而下，注到杯底；否则应该移动烧杯或旋转漏斗，使漏斗尖端与烧杯壁贴牢，就可以使液体顺杯壁下流了。

冷凝管

利用热交换原理使冷凝性气体冷却凝结为液体的一种玻璃仪器。

规格：有直形、球形、蛇形。

用途：用于蒸馏液体或有机备置中，起冷凝或回流作用。

◎使用方法

冷凝管由内外组合的玻璃管构成，在其外管的上下两侧分别有连接管接头，用作进水口和出水口。冷凝管在使用时应将靠下端的连接口以塑胶管接上水龙头，当作进水口。因为进水口处的水温较低，而被蒸气加热过后的水温度较高；较热的水因密度降低会自动往上流，有助于冷却水的循环。冷凝管通常使用于欲在回流状况下做实验的烧瓶上或是欲收集冷凝后的液体时的蒸馏瓶上。蒸气的冷凝发生在内管的内壁上。内外管所围出的空间则为行水区有吸收蒸气热量并将这热量移走的功用。进水口处通常有较高的水压，为了防止水管脱落，塑胶管上应以管束绑紧。当在回流状态下使用时，冷凝管的下端玻璃管要插入一个橡皮塞，以便能塞入烧瓶口中，承接烧瓶内往上蒸发的蒸气。

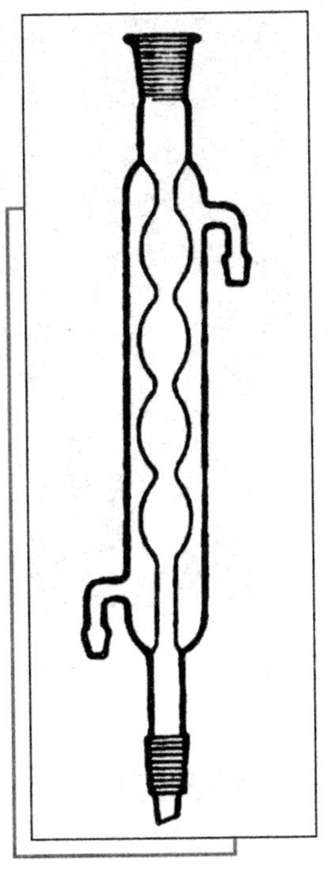

冷凝管

回流冷凝管：有易挥发的液体反应物时，为了避免反应物损耗和充分利用原料，要在发生装置设计冷凝回流装置，使该物质通过冷凝后由气态恢复为液态，从而回流并收集。实验室可通过在发生装置安装长玻璃管或冷凝回流管等实现。

移液管

用来准确移取一定体积的溶液的量器。移液管是一种量出式仪器，只用来测量它所放出溶液的体积。它是一根中间有一膨大部分的细长玻璃管。其下端为尖嘴状，上端管颈处刻有一条标线，是所移取的准确体积的标志。常用的移液管有 5 毫升、10 毫升、25 毫升、50 毫升等规格。通常又把具有刻度的直形玻璃管称为吸量管。常用的吸量管有 1 毫升、2 毫升、5 毫升、10 毫升等规格。移液管和吸量管所移取的体积通常可准确到 0. 01 毫升。

使用移液管前，应先用铬酸洗液润洗，以除去管内壁的油污。然后用自来水冲洗残留的洗液，再用蒸馏水洗净。洗净后的移液管内壁应不挂水珠。

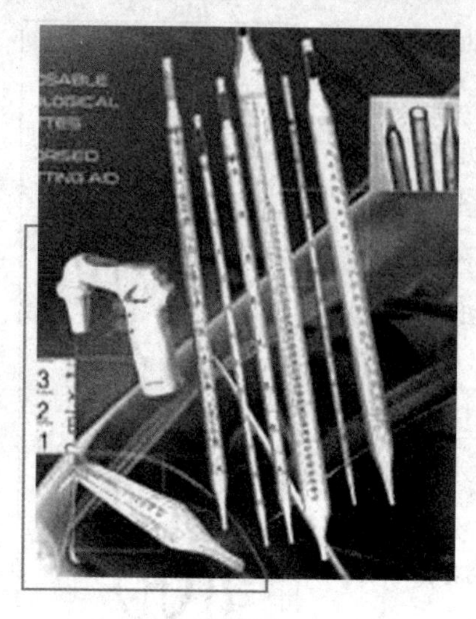

移液管

移取溶液前，应先用滤纸将移液管末端内外的水吸干，然后用欲移取的溶液涮洗管壁2～3次，以确保所移取溶液的浓度不变。

移取溶液时，用右手的大拇指和小指捏着移液管颈的上方，将其末端插入溶液中，左手拿洗耳球，先把球中空气压出，再将球的尖嘴接在移液管上口，慢慢松开压扁的洗耳球使溶液吸入管内。当液面升高到刻线以上时，移去洗耳球，立即用右手食指堵住上口。将移液管提出液面，使其保持垂直，同时末端靠在容器的内壁上，为此可使容器略倾斜。然后略为放松食指，并轻轻捻动管身，使液面缓慢下降，当溶液的弯月面下沿恰与刻线相切时，立即用食指压紧上口，使溶液不再流出。将移液管取出并插入承接容器中。为保持其垂直并使末端靠在容器内壁，可使承接容器略倾斜。松开食指，让管内溶液自然地全部沿容器壁流下。全部溶液流完后需等15秒后再拿出移液管，以便使附着在管壁的部分溶液得以流出。如果移液管未标明“吹”字，则残留在管尖末端内的溶液不可吹出，因为移液管所标定的量出容积中并未包括这部分残留溶液。

移液管主要用于定量分析时，移取液体使用。

目前为适应不同领域，移液管有多种包装形式，无菌袋装、无菌单独包装、普通包装，为使用不同黏度液体，开口形式有窄口、宽口、开口。

比色管

比色管是化学实验中用于目视比色分析实验的主要仪器，可用于粗略测量溶液浓度。

外观及规格：外型与普通试管相似，但比试管多一条精确的刻度线并配有橡胶塞或玻璃塞，且管壁比普通试管薄，常见规格有10毫升、25毫升、50毫升三种。

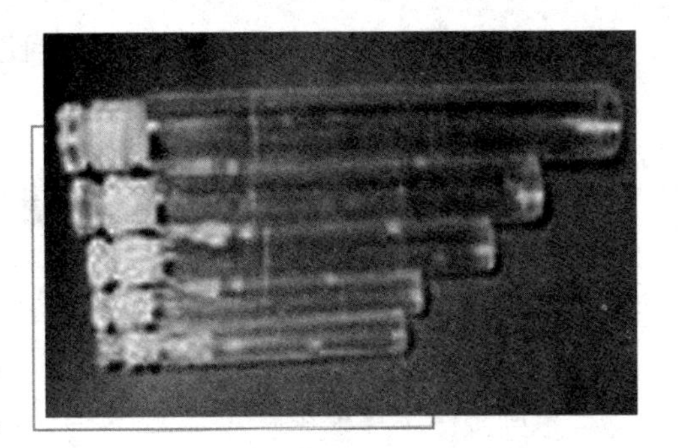

比色管

◎使用方法

用滴定管将标准溶液分别滴入几支比色管中（假设比色管为V mL规格的，标准溶液浓度为a），且每支比色管滴入的标准溶液体积不同（假设为X_1、X_2、X_3…）。再用滴管向每支比色管中加蒸馏水至刻度线处，盖上塞子后振荡摇匀，这样就可以根据标准液以及滴定管滴入每支比色管的标准液体积计算出每支比色管中溶液的浓度（每支比色管内溶液浓度分别为aX_1/V、aX_2/V、aX_3/V…）。

知识小链接

滴定管

滴定管分为碱式滴定管和酸式滴定管。前者用于量取对玻璃管有侵蚀作用的液态试剂；后者用于量取对橡皮有侵蚀作用的液体。

这时将待测溶液装入另一支比色管中，再将装待测溶液的比色管与之前所配制的标准溶液进行比色（比色即为将颜色进行对比），即可粗略得出待测溶液的浓度。

比色时一次只将装待测溶液的比色管与一支装标准溶液的比色管进行对比，对比时将两支比色管置于光照程度相同的白纸前面，用肉眼观察颜色差异。

◎注意事项

1. 比色管不是试管，不能加热，且比色管管壁较薄，要轻拿轻放。
2. 同一比色实验中要使用同样规格的比色管。
3. 清洗比色管时不能用硬毛刷刷洗，以免磨伤管壁影响透光度。

4. 比色时一次只拿两支比色管进行比较且光照条件要相同。

量 筒

量筒是用来量取液体的一种玻璃仪器，一般有 10 毫升、25 毫升、50 毫升、100 毫升、200 毫升、1000 毫升等规格。

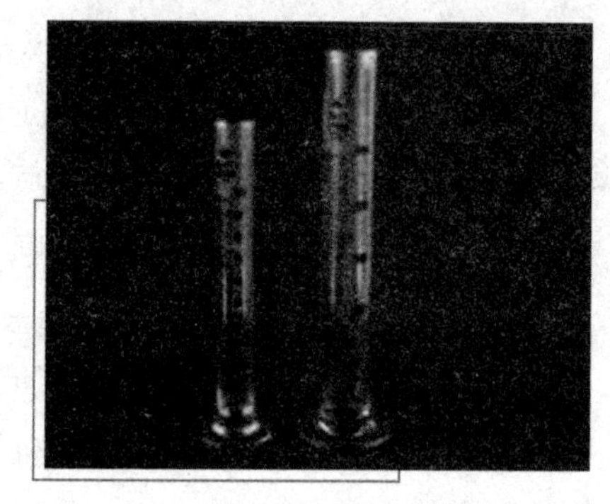

量 筒

知识小链接

规格

规格是指同一种或同一型号材料的不同尺寸。一般尺寸不同，其允许偏差也不同。在产品标准中，品种的规格通常按从小到大，有顺序地排列。

◎ 量筒的使用

1. 怎样选择量筒？

量筒是量度液体体积的仪器。规格以所能量度的最大容量（毫升）表示。外壁刻度都是以毫升为单位，10 毫升量筒每小格表示 0.2 毫升，而 50 毫升量筒每小格表示 1 毫升。可见量筒越大，管径越粗，其精确度越小，由视线的偏差所造成的读数误差也越大。所以，实验中应根据所取溶液的体积，尽量选用能一次量取的最小规格的量筒。分次量取也能引起误差。如量取 70 毫升液体，应选用 100 毫升量筒。

2. 怎样把液体注入量筒？

向量筒里注入液体时，应用左手拿住量筒，使量筒略倾斜，右手拿试剂瓶，使瓶口紧挨着量筒口，使液体缓缓流入。待注入的量比所需要的量稍少时，把量筒放平，改用胶头滴管滴加到所需要的量。

3. 量筒的刻度应向哪边？

量筒没有“0”的刻度，一般起始刻度为总容积的1/10。不少书上的实验图，量筒的刻度面都背着人，这很不方便。因为视线要透过两层玻璃和液体，若液体是浑浊的，就更看不清刻度，而且刻度数字也不顺眼。所以刻度面对着人才好。

4. 什么时候读出所取液体的体积数？

注入液体后，等1~2分钟，使附着在内壁上的液体流下来，再读出刻度值；否则，读出的数值偏小。

5. 怎样读出所取液体的体积数？

应把量筒放在平整的桌面上，观察刻度时，视线与量筒内液体的凹液面的最低处保持水平，再读出所取液体的体积数；否则，读数会偏高或偏低。

6. 量筒能否加热或量取过热的液体？

量筒面的刻度是指温度在20℃时的体积数。温度升高，量筒发生热膨胀，容积会增大。由此可知，量筒是不能加热的，也不能用于量取过热的液体，更不能在量筒中进行化学反应或配制溶液。

7. 从量筒中倒出液体后是否要用水冲洗？

这要看具体情况而定。如果是为了使所取的液体量准确，似乎要用水冲洗并倒入所盛液体的容器中，这就不必要了，因为在制造量筒时已经考虑到有残留液体这一点；相反，如果冲洗反而使所取体积偏大。如果是用同一量筒再量别的液体，这就必须用水冲洗干净，为防止杂质的污染。

注：量筒一般只能在要求不是很严格时使用，通常可以应用于定性分析方面，定量分析是不能使用量筒进行的，因为量筒的误差较大。量筒一般不需估读，因为量筒是粗量器，但有时也需估读，如物理电学量器中的电流表，是否估读尚无定论。

8. 关于量筒仰视与俯视的问题。

（1）在看量筒的容积时是看水面的中心点。

（2）俯视时视线斜向下，视线与筒壁的交点在水面上所以读到的数据偏高。

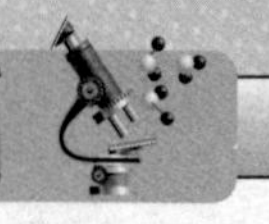

（3）仰视是视线斜向上，视线与筒壁的交点在水面下所以读到的数据偏低。

9. 量筒不能直接加热，不能在量筒里进行化学反应，不能在量筒里配置溶液的原因。

（1）量筒容积太小。

（2）不能在量筒内稀释或配制溶液，绝不能对量筒加热。

（3）也不能在量筒里进行化学反应。

（4）反应可能产生热。

注意：在量液体时，要根据所量的体积来选择大小恰当的量筒（否则会造成较大的误差），读数时应将量筒垂直平稳放在桌面上，并使量筒的刻度与量筒内的液体凹液面的最低点保持在同一水平面。一般来说量筒是直径越细越好，因为这样的精确度更高！

集气瓶

一种广口玻璃容器，瓶口平面磨砂，能跟毛玻璃保持严密接触，不易漏气，用于收集气体、装配洗气瓶和进行物质跟气体之间的反应。

◎注意事项

不能用于加热。如果物质与气体是放热反应，集气瓶内应放适量水或铺一层砂。

◎主要的集气方法

使用方法收集气体共分为排水法、向上排空气法和向下排空气法。

1. 排水法

现将集气瓶中灌满水倒扣在水槽中，将导管插入集气瓶中，待瓶中水全部排空后盖上毛玻璃片取出。这种方法只适用于不溶于水或微溶于水的气体。

2. 向上排空气法

先将干燥、洁净的空集气瓶瓶口向上正放在实验桌面上，将导管伸入集气瓶底部，开始收集气体。进行一段时间后，可以进行验满的实验。

氧气：将带火星的木条（火柴）放在瓶口，若木条（火柴）复燃，则说明瓶内氧气已满。二氧化碳：将带火焰的木条（火柴）放在瓶口，若木条（火柴）熄灭，则说明瓶内二氧化碳已满。向上排空气法一般用于收集易溶于水或会与水发生化学反应的气体，且该气体的密度必须大于空气的密度；不适用于会与空气中物质发生反应或密度小于空气的气体收集。

基本小知识

密度

在物理学中，把某种物质单位体积的质量叫做这种物质的密度，符号 ρ。

3. 向下排空气法

向下排空气法用于收集密度小于空气密度的气体，如氢气。

酒精灯

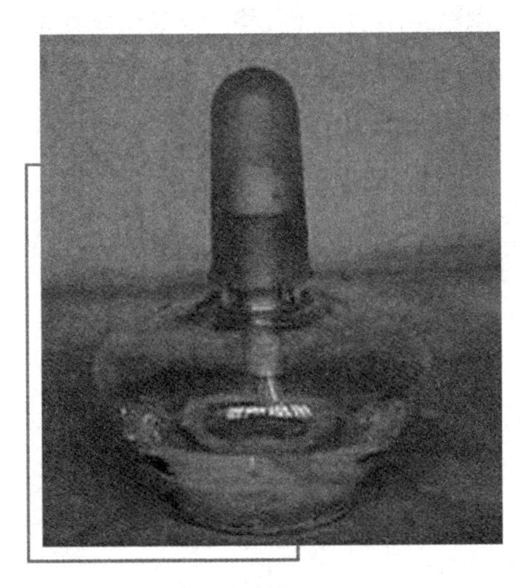

酒精灯

以酒精（乙醇，C_2H_5OH）为燃料的加热工具，用于加热物体。

◎组成

酒精灯的加热温度 400℃ ~ 500℃，适用于温度不需太高的实验，特别是在没有煤气设备时经常使用。

1. 酒精灯是由灯帽、灯芯和盛有酒精的灯壶三大部分所组成。

2. 正常使用的酒精灯火焰应分为焰心、内焰和外焰三部分。近年来的研究表明，酒精灯火焰温度的高低

顺序为：外焰 > 内焰 > 焰心。一般认为酒精灯的外焰温度最高，其原因是酒精蒸汽在外焰燃烧最充分；同时由于外焰与外界大气充分接触，燃烧时与环境的能量交换最容易，热量散失最多，致使外焰温度高于内焰。

3. 若要灯焰平稳，并适当提高温度可加金属网罩。

金属网罩可用废旧的铁窗纱自制。

◎操作方法

1. 新购置的酒精灯应首先配置灯芯。灯芯通常是用多股棉纱线拧在一起，插进灯芯瓷套管中。灯芯不要太短，一般浸入酒精后还要长 4 ~5 厘米。

对于旧灯，特别是长时间未用的灯，在取下灯帽后，应提起灯芯瓷套管，用洗耳球或嘴轻轻地向灯内吹一下，以赶走其中聚集的酒精蒸气。再放下套管检查灯芯，若灯芯不齐或烧焦都要用剪刀修整为平头等长。

2. 新灯或旧灯壶内酒精少于其容积 1/2 的都应添加酒精。酒精不能装得太满，以不超过灯壶容积的 2/3 为宜（酒精量太少则灯壶中酒精蒸气过多，易引起爆燃；酒精量太多则受热膨胀，易使酒精溢出，发生事故）。添加酒精时一定要借助个小漏斗，以免将酒精洒出。燃着的酒精灯，若需添加酒精，必须熄灭火焰。绝不允许燃着时加酒精，否则，很易着火，造成事故。

3. 新灯加完酒精后须将新灯芯放入酒精中浸泡，而且移动灯芯套管使每端灯芯都浸透，然后调好其长度，才能点燃。因为未浸过酒精的灯芯，一经点燃就会烧焦。

4. 点燃酒精灯一定要用燃着的火柴，绝不可用燃着的酒精灯对火，否则，易将酒精洒出，引起火灾。

5. 加热时若无特殊要求，一般用温度最高的外焰来加热器具。加热的器具与灯焰的距离要合适，过高或过低都不正确。与灯焰的距离通常用灯的垫木或铁环的高低来调节。被加热的器具必须放在支撑物（三脚架、铁环等）上或用坩埚钳、试管夹夹持，

酒精灯火焰

绝不允许手拿仪器加热。

6. 加热完毕或要添加酒精需熄灭灯焰时，可用灯帽将其盖灭。如果是玻璃灯帽，盖灭后需再重盖一次，放走酒精蒸气，让空气进入，免得冷却后盖内造成负压使盖打不开。如果是塑料灯帽，则不用盖两次，因为塑料灯帽的密封性不好。绝不允许用嘴吹灭。

7. 酒精灯不用时，应盖上灯帽。如长期不用，灯内的酒精应倒出，以免挥发。同时在灯帽与灯颈之间应夹小纸条，以防粘连。

因为酒精易挥发，易燃，使用酒精灯时必须注意安全。万一洒出的酒精在灯外燃烧，不要慌张，可用湿抹布或砂土扑灭。

◎ 主要用途

1. 作为热源灯具。
2. 进行焰色反应。

◎ 注意事项

1. 不能在燃着酒灯时添加酒精，酒精量不超其容积的2/3，也不能少于1/4。
2. 严禁用燃着的酒精灯去点燃，用酒精灯的外焰加热物质。
3. 熄灭时用灯帽盖灭，灯要斜着盖住，否则有危险。
4. 不用时盖好灯帽，以免灯芯留水难燃。

◎ 问题详解

众所周知，在化学实验中，很多实验离不开酒精灯。初化学实验中，镁带的燃烧就需要用到酒精灯，这时候，我们老师通常的做法是，随带告诉学生酒精灯不能用嘴吹熄。但为什么不用嘴吹熄呢？这是因为，可能引起灯壶内酒精燃烧，形成“火雨”。

镁带

镁带是用纯度很高的金属镁打制成的带状物。

当用嘴吹灭酒精灯的时候，由于往灯壶内吹入了空气，灯壶内的酒精蒸气和空气在灯壶内迅速燃烧，形成很大气流往外猛冲，同时有闷响声，这时候就形成了“火雨”，造成危险。而且酒精灯中的酒精越少，留下的空间越大，在天气炎热的时候，也会在灯壶内形成酒精蒸气和空气的混合物，会给下次点燃酒精灯带来不安全因素。因此，不能用嘴吹灭酒精灯。

因为酒精易挥发，挥发后的酒精和空气的混合气体可以燃烧和爆炸，用嘴吹的话，可能使高温的空气倒流入瓶内，引起爆炸。

现有酒精灯灯嘴与灯体分离，一旦灯体翻倒，会造成酒精外流，有引发火灾的危险。

最好用盖盖住，切断氧气，来灭火，但是要立刻拿下来，不然盖子会在酒精灯上拿不下来。

一种安全酒精灯由灯帽、灯芯、带孔陶瓷灯芯座、酒精入孔塞、灯芯薄膜管、灯瓶、浮块及内塞构成。其特征是：带孔陶瓷灯芯座置于灯瓶的开口处，圆柱体形的工程塑料内塞位于灯瓶的颈部，它与灯瓶颈部成静配合关系，内塞上开有灯芯孔和酒精入孔，酒精入孔塞为上沿带帽下沿倒角的圆柱体形工程塑料塞，浮块为聚乙烯发泡塑料块，其中心处开有一灯芯孔，内塞灯芯孔、浮块灯芯孔的直径与灯芯薄膜管的外径相同，灯芯薄膜管的一端插入内塞灯芯孔，另一端插入浮块灯芯孔，灯芯薄膜管两端的外壁和与之接触的灯芯孔内壁用玻璃胶粘结，灯芯则置于灯芯薄膜管中，其下端从浮块灯芯孔处伸出，伸出部分有 10 厘米以上浸没在酒精中，灯芯上端从内塞灯芯孔处伸出，再从带孔陶瓷灯芯座的孔中伸出。

容量瓶

容量瓶是一种细颈梨形平底瓶，由无色或棕色玻璃制成，带有磨口玻璃塞或塑料塞。颈上刻有一环形标的是量入式量器，表示在所指温度下（一般为 20℃）液体充满至标线时的容积。容量瓶的用途是配制准确精度的溶液或定量的稀释溶液。该量瓶常和移液管配合使用，以把某种物质分为若干等分。通常有 25 毫升、50 毫升、100 毫升、250 毫升、500 毫升、1000 毫升等数种规格，实验中常用的是100毫升和250毫升的容量瓶。

在使用容量瓶之前，要先进行以下两项检查：

1. 容量瓶容积与所要求的是否一致。

2. 检查瓶塞是否严密，不漏水。在瓶中放水到标线附近，塞紧瓶塞，使其倒立2分钟，用干滤纸片沿瓶口缝处检查，看有无水珠渗出。如果不漏，再把塞子旋转180°，塞紧，倒置，试验这个方向有无渗漏。这样做两次检查是必要的，因为有时瓶塞与瓶口，不是在任何位置都是密合的。

合用的瓶塞必须妥为保护，最好用绳把它系在瓶颈上，以防跌碎或与其他容量瓶搞混。

用容量瓶配制标准溶液时，先将精确称重的试样放在小烧杯中，加入少量溶剂，搅拌使其溶解（若难溶，可盖上表皿，稍加热，但必须放冷后才能转移）。沿搅棒用转移沉淀的操作将溶液定量地移入洗净的容量瓶中，然后用洗瓶吹洗烧杯壁2～3次，按同法转入容量瓶中。当溶液加到瓶中2/3处以后，将容量瓶水平方向摇转几周（勿倒转），使溶液大体混匀。然后，把容量瓶平放在桌子上，慢慢加水到距标线2～3厘米，等待1～2分钟，使粘附在瓶颈内壁的溶液流下，用胶头滴管伸入瓶颈接近液面处，眼睛平视标线，加水至溶液凹液面底部与标线相切。立即盖好瓶塞，用一只手的食指按住瓶塞，另一只手的手指托住瓶底，注意不要用手掌握住瓶身，以免体温使液体膨胀，影响容积的准确（对于容积小于100毫升的容量瓶，不必托住瓶底）。随后将容量瓶倒转，使气泡上升到顶，此时可将瓶振荡数次。再倒转过来，仍使气泡上升到顶。如此反复十次以上，才能混合均匀。

知识小链接

搅棒

搅棒，杆或棒或桨状物，用于搅拌物品。

容量瓶不能久贮溶液，尤其是碱性溶液会侵蚀瓶壁，并使瓶塞粘住，无法打开。容量瓶不能加热。

使用容量瓶配制溶液的方法是：

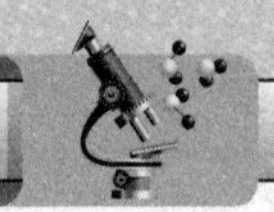

1. 使用前检查瓶塞处是否漏水。往瓶中往入 2/3 容积的水，塞好瓶塞。用手指顶住瓶塞，另一只手托住瓶底，把瓶子倒立过来停留一会儿，反复几次后，观察瓶塞周围是否有水渗出。经检查不漏水的容量瓶才能使用。

2. 把准确称量好的固体溶质放在烧杯中，用少量溶剂溶解。然后把溶液沿玻璃棒转移到容量瓶里。为保证溶质能全部转移到容量瓶中，要用溶剂多次洗涤烧杯，并把洗涤溶液全部转移到容量瓶里。

3. 向容量瓶内加入的液体液面离标线 2 ~3 厘米左右时，应改用滴管小心滴加，最后使液体的凹液面与标线正好相切。

4. 盖紧瓶塞，用倒转和摇动的方法使瓶内的液体混合均匀。

使用容量瓶时应注意以下几点：

1. 不能在容量瓶里进行溶质的溶解，应将溶质在烧杯中溶解后转移到容量瓶里。

2. 用于洗涤烧杯的溶剂总量不能超过容量瓶的标线。

3. 容量瓶不能进行加热。如果溶质在溶解过程中放热，要待溶液冷却后再进行转移。因为温度升高瓶体将膨胀，所量体积就会不准确。

4. 容量瓶只能用于配制溶液，不能储存溶液。因为溶液可能会对瓶体进行腐蚀，从而使容量瓶的精度受到影响。

5. 容量瓶用毕应及时洗涤干净，塞上瓶塞，并在塞子与瓶口之间夹一条纸条，防止瓶塞与瓶口粘连。

胶头滴管

胶头滴管又称胶帽滴管，它是用于吸取或滴加少量液体试剂的一种仪器。

◎种类和规格

胶头滴管由胶帽和玻璃滴管组成。有直形及弯形、有缓冲球等几种形式。胶头滴管的规格以管长表示，常用为 90 毫米、100 毫米两种。

◎注意事项

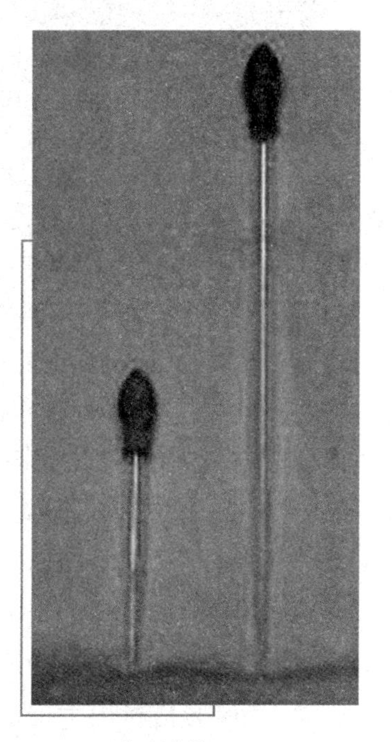
胶头滴管

1. 握持方法是用中指和无名指夹住玻璃管部分以保持稳定，用拇指和食指挤压胶头以控制试剂的吸入或滴加量。

2. 胶头滴管加液时，不能伸入容器，更不能接触容器。

3. 不能倒置，也不能平放于桌面上。应插入干净的瓶中或试管内。

4. 用完之后，立即用水洗净。严禁未清洗就吸取另一试剂。

5. 胶帽与玻璃滴管要结合紧密不漏气，若胶帽老化，要及时更换。

6. 胶头滴管向试管内滴加有毒或有腐蚀性的液体时，该滴管尖端允许接触试管内壁。

7. 如果滴瓶上配有滴管，则这个滴管是此滴瓶专用，不能吸取其他液体，不可交叉使用，也不可用清水冲洗。

研　钵

研钵就是实验中研碎实验材料的容器，配有钵杵，常用的为瓷制品，也有玻璃、玛瑙、氧化铝、铁的制品。它用于研磨固体物质或进行粉末状固体的混合。其规格用口径的大小表示。

进行研磨操作时应注意：

1. 按被研磨固体的性质和产品的粗细程度选用不同质料的研钵。一般情况用瓷制或玻璃制研钵，研磨坚硬的固体时用铁制研钵，需要非常仔细地研磨较少的试样时用玛瑙或氧化铝制的研钵。注意，玛瑙研钵价格昂贵，使用时应特别小心，不能研磨硬度过大的物质，不能与氢氟酸接触。

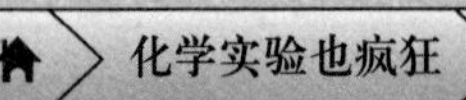

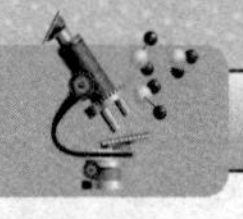

知识小链接

氢氟酸

氢氟酸，无色透明发烟液体，为氟化氢气体的水溶液，呈弱酸性，有刺激性气味。氢氟酸与硅和硅化合物反应生成气态的四氟化硅，但对塑料、石蜡、铅、金、铂不起腐蚀作用。它能与水和乙醇混溶。

2. 进行研磨操作时，研钵应放在不易滑动的物体上，研杵应保持垂直。大块的固体只能压碎，不能用研杵捣碎，否则会损坏研钵、研杵或将固体溅出。易爆物质只能轻轻压碎，不能研磨。研磨对皮肤有腐蚀性的物质时，应在研钵上盖上厚纸片或塑料片，然后在其中央开孔，插入研杵后再行研磨，研钵中盛放固体的量不得超过其容积的1/3。

3. 研钵不能进行加热，尤其是玛瑙制品，切勿放入电烘箱中干燥。

4. 洗涤研钵时，应先用水冲洗，耐酸腐蚀的研钵可用稀盐酸洗涤。研钵上附着难洗涤的物质时，可向其中放入少量食盐，研磨后再进行洗涤。

5. 若研磨材料用于提取 DNA 或 RNA，用锡纸包裹后于烘箱内 180 度灭菌。

伟大的化学家

一个化学家与其他人做事的不同之处是他们通常都会很小心地检查身边每一种物体的变化。他们的工作，大部分是研究怎样可以大量生产各种昂贵的药用或者工业用化学品，务求维系生计或造福大众。

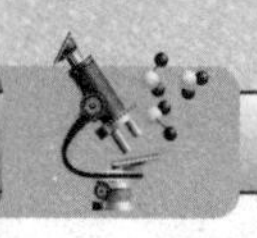

拉瓦锡

拉瓦锡，他是公认最伟大的化学家之一，而且更是为化学献出宝贵生命的人。

安托万—洛朗·拉瓦锡

安托万——洛朗·拉瓦锡生于巴黎。拉瓦锡与他人合作制定出化学物种命名原则，创立了化学物种分类新体系。拉瓦锡根据化学实验的经验，用清晰的语言阐明了质量守恒定律和它在化学中的运用。这些工作，特别是他所提出的新观念、新理论、新思想，为近代化学的发展奠定了重要的基础，因而后人称拉瓦锡为近代化学之父。

拉瓦锡在学校是一个天才男孩。20 岁时因出色地撰写了巴黎街道照明的设计文章而获得法国科学院的嘉奖。几年之后，即 1768 年，他被评选为法国科学院的“名誉院士”。

他为后人留下的杰作是《化学概要》，这篇论文标志着现代化学的诞生。在这篇论文中，拉瓦锡除了正确地描述燃烧和吸收这两种现象之外，在历史上还第一次开列出化学元素的准确名称。名称的确立建立在物质是由化学元素组成的这个基础之上。而在此之前，这些元素有着不同的称谓。在书中，拉瓦锡将化学方面所有处于混乱状态的发明创造整理得有条有理。

化学家拉瓦锡原来是学法律的。1763 年，年仅 20 岁的拉瓦锡就取得了法律学士学位，并且获律师从业证书。拉瓦锡的父亲是一位颇有名气的律师，家境富有。所以拉瓦锡没有马上去做律师，那时他对植物学发生了兴趣，经常上山采集标本，使他又对气象学产生了兴趣。在地质学家葛太德的建议下，拉瓦锡师从巴黎著名的化学教授伊勒教授。从此，拉瓦锡就和化学结下不解之缘。

拉瓦锡对化学的第一个贡献便是从试验的角度验证并总结了质量守恒定律。早在拉瓦锡出生之时，多才多艺的俄罗斯科学家罗蒙诺索夫就提出了质量守恒定律，他当时称之为“物质不灭定律”，其中含有更多的哲学意蕴。但由于“物质不灭定律”缺乏丰富的实验根据，特别是当时俄罗斯的科学还很落后，西欧对沙俄的科学成果不重视，“物质不灭定律”没有得到广泛地传播。

质量守恒定律

在化学反应中，参加反应的各物质的质量总和等于反应后生成的各物质的质量总和，这就叫做质量守恒定律（Law of Conservation of Mass）。化学反应的过程，就是参加反应的各物质（反应物）的原子，重新组合而生成其他物质的过程。在化学反应中，反应前后原子的种类没有改变，数目没有增减，原子的质量也没有改变。

拉瓦锡用硫酸和石灰合成了石膏，当他加热石膏时放出了水蒸气。拉瓦锡用天平仔细称量了不同温度下石膏失去水蒸气的质量。他的导师鲁伊勒把失去水蒸气称为“结晶水”，从此就多了一个化学名词……结晶水。这次意外的成功使拉瓦锡养成了经常使用天平的习惯。由此，他总结出质量守恒定律，并成为他进行实验、思维和计算的基础。为了表明守恒的思想，用等号而不用箭头表示变化过程。如糖转变为酒精的发酵过程表示为下面的等式：

葡萄糖══碳酸（CO_2）+酒精

这正是现代化学方程式的雏形。为了进一步阐明这种表达方式的深刻含义，拉瓦锡又撰文写到：“可以设想，参加发酵的物质和发酵后的生成物列成一个代数式，再假定方程式中的某一项是未知数，然后通过实验，算出它们的值。这样，就可以用计算来检验实验，再用实验来验证计算。我就经常用这种方法修正实验初步结果，使我能通过正确的途径改进实验，直到获得成功。”

拉瓦锡最重要的发现是燃烧原理，是他对化学研究的第二大贡献。伟大的科学家描述了最重要的气体：氧、氮和氢的作用。拉瓦锡最重要的发现是

关于燃烧的原理，之所以能够有此发现，是因为他第一次准确地识别出了氧气的作用。事实上，科学家确认燃烧是氧化的化学反应，即燃烧是物质同某种气体的一种结合。拉瓦锡为这种气体确立了名称，即氧气，事实上就是“成酸元素”的意思。

拉瓦锡最终排除了当时流行极广的关于“燃素”的错误看法。按照那种理论，在燃烧期间，任何被燃烧的物质同一种被称为“燃素”的物质相分离。“燃素”被认为是整个燃烧过程的主导者。

拉瓦锡还识别出了氮气，这种气体早在1772年就被发现了，但却被命名了一个错误的名称——“废气”（意思是“用过的气”，也就是没有燃素的气，因此不会再被用作燃烧的气）。拉瓦锡则发现这种“气体”实际上是由一种被称为氮的气体构成的，因为它“无活力”（来源于希腊语 azofe）。后来，他又识别出了氢气，这个名称的意思是“成水的元素”。拉瓦锡还研究过生命的过程。他认为，从化学的观点看，物质燃烧和动物的呼吸同属于空气中氧所参与的氧化作用。

知识小链接

燃素

燃素充塞于天地之间，流动于雷电风云之中。在地上、天上、海洋、陆地、动物、植物、矿物和人的心中都含有它。大气中含有燃素，因而会在空气中引起闪电，而使大气动荡不已；生物含有燃素就富有生机；无生命物质含有燃素，就会燃烧。

1772年秋天，拉瓦锡照习惯称量了定量的白磷，使之燃烧、冷却后又称量灰烬（五氧化二磷，P_2O_5）的质量，发现质量竟然增加了！他又燃烧硫磺，同样发现灰烬的质量大于硫磺的质量。他想这一定是什么气体被白磷和硫磺吸收了。于是他又改进实验的方法：将白磷放入一个钟罩，钟罩里留有一部分空气，钟罩里的空气用管子连接一个水银柱（注：测定空气的压力）。加热到40℃时白磷就迅速燃烧，水银柱上升。拉瓦锡还发现“1 盎司的白磷大约可得到2.7盎司的白色灰烬（P_2O_5）。增加的重量和所消耗的1/5容积的空气重量基本接近”。

拉瓦锡的发现和当时的燃素学说是相悖的。燃素学说认为燃烧是分解过程，燃烧产物应该比可燃物质量轻。他把实验结果写成论文交给法国科学院，从此他做了很多实验来证明燃素说的错误。在1773年2月，他在实验记录本上写道：“我所做的实验使物理和化学发生了根本的变化。”他将新化学命名为“反燃素化学”。

1775年，拉瓦锡对氧气进行研究。他发现燃烧时增加的质量恰好是氧气减少的质量。以前认为可燃物燃烧时吸收了一部分空气，实际上是吸收了氧气，与氧气化合，这就是彻底推翻了燃素说的燃烧学说。

1777年，拉瓦锡批判燃素学说：“化学家从燃素说只能得出模糊的要素，它十分不确定，因此可以用来任意地解释各种事物。有时这一要素是有重量的，有时又没有重量；有时它是自由之火，有时又说它与土素相化合成火；有时说它能通过容器壁的微孔，有时又说它不能透过；它能同时用来解释碱性和非碱性、透明性和非透明性、有颜色和无色。它真是只变色虫，每时每刻都在改变它的面貌。”

1777年9月5日，拉瓦锡向法国科学院提交了划时代的《燃烧概论》，系统地阐述了燃烧的氧化学说，将燃素说倒立的化学正立过来。这本书后来被翻译成多国语言，逐渐扫清了燃素说的影响。化学自此切断与古代炼丹术的联系，揭掉神秘和臆测的面纱，取而代之的是科学实验和定量研究。化学由此也进入定量化学（即近代化学）时期。

拉瓦锡对化学的第三大贡献是否定了古希腊哲学家的四元素说和三要素说，建立在科学实验基础上的化学元素的概念：“如果元素表示构成物质的最简单成分，那么目前我们可能难以判断什么是元素；如果相反，我们把元素与目前化学分析最后达到的极限概念联系起来，那么，我们现在用任何方法都不能再加以分解的一切物质，对我们来说，就算是元素了。”

在1789年出版的历时四年写就的《化学概要》里，拉瓦锡列出了第一张元素一览表，元素被分为四大类：

1. 简单物质，光、热、氧、氮、氢等物质元素。

2. 简单的非金属物质，硫、磷、碳、盐酸素、氟酸素、硼酸素等，其氧化物为酸。

3. 简单的金属物质，锑、银、铋、钴、铜、锡、铁、锰、汞、钼、镍、金、铂、铅、钨、锌等，被氧化后生成可以中和酸的盐基。

4. 简单物质，石灰、镁土、钡土、铝土、硅土等。

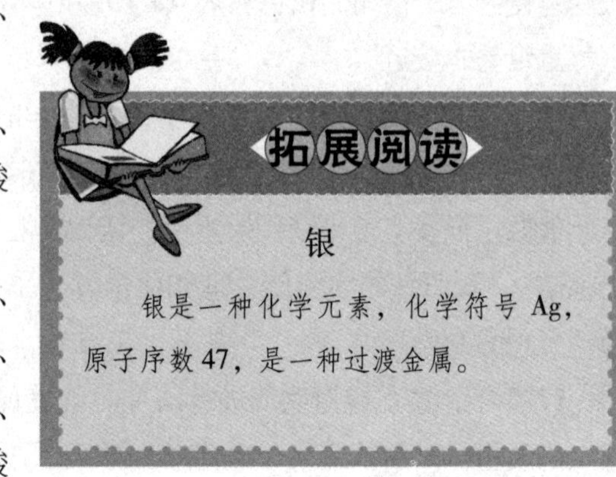

银

银是一种化学元素，化学符号 Ag，原子序数 47，是一种过渡金属。

约瑟夫·普里斯特利

约瑟夫·普里斯特利

约瑟夫·普里斯特利是英国著名的化学家。他 1733 年 3 月 13 日生于英格兰约克郡兹市郊区的一个名叫菲尔德海德的农庄里。

普里斯特利刻苦好学，兴趣广泛。他曾学过古文、数学、自然哲学导论等。后因体弱多病，中断过学习，待康复后，他进入了考文垂的非国教的高等专科学校。因为他学习勤奋刻苦，成绩超群，学校同意他免修一、二年级的部分课程。他在后来的学习中，深感自己的数学与德语基础太差，又主动要求学校允许他补学了这两门课程。在学校里，他学会了希伯来文、希腊文和拉丁文，加上他在神学方面的广博知识，他常常同那些信仰传统宗教的人们进行辩论，并且总是占上风。以后，他做过教师，也当过牧师。在沃灵顿的非国教高等专科学校里，他讲授过语言学、文学、现代史、法律、口才学及辩论学等，甚至教过解剖学。他曾编著出版过《基础英语语法》和《语言学原理》，写过《口才学和辩论学讲义》。1764 年，爱丁堡大学授予他法学博士。从此，他开始了科学生涯，著有《电学史》一书，1766 年他被推荐为英国皇家学会的会员。

1762 年，普里斯特利与玛丽·维尔金逊结了婚。他的妻子是当时英格兰最大的铁器制造商艾萨克的女儿。婚后，普里斯特利仍然专心地埋头科学研究。到了 1767 年，由于他们的儿女先后出世，家庭经济负担加重。加上各教派之间的矛盾日益尖锐，普里斯特利就放弃了教师职业，重新当上了牧师，家庭收入虽增加不多，但他却有了更多的空闲时间自由地从事科学研究和著书立说。《电学史》一书就是这个时期写成的。他不仅用通俗、准确而生动的语言概述了关于电现象研究的完整历史，而且还具体地描写了各种不同的试验情况。不久，他痛感自己缺乏化学方面的知识，于是把兴趣由物理移向了化学。

在化学领域中，他首先对空气发生了兴趣，思考着不少有关空气的问题。例如，为什么放在封闭容器中的小老鼠，几天后就会死去？容器中本来有空气，老鼠为什么不能长期活下去？学生时代他参观啤酒厂时，发现有一种能使燃着的木条立刻熄灭的空气，这种空气就存在于发酵车间内盛啤酒的大桶里。因此，他怀疑是不是存在着好多种空气。为了弄清这些问题，普里斯特利进行了多种有趣的实验。例如，他点燃一根蜡烛，把它放到预先放有小老鼠的玻璃容器中，然后盖紧容器。他发现：蜡烛燃了一阵之后就熄灭了，而小老鼠也很快死了。这一现象使普里斯特利想到，空气中大概存在着一种东西，当它燃烧时空气就会被污染，因而成为不能供动物呼吸，也不能使蜡烛继续燃烧的“受污染的空气”。为了证明这一想法的正确与否，他设想，能否把受污染的空气加以净化，使它又成为可供呼吸的空气呢？他为此做了一个新的实验。他用水洗涤受污染的空气，其结果使他大为惊异，他发现，水只能净化一部分被污染的空气，而另一部分未被净化的空气，还是不能供呼吸，老鼠在其中照样要死去。

善于思考和钻研问题的普里斯特利进一步想到，动物在受污染的空气中会死去，那么植物又会怎样呢？对此，他设计了如下实验：把一盆花放在玻璃罩内，花盆旁边放了一支燃烧着的蜡烛来制取受污染的空气。当蜡烛熄灭几小时后，植物却看不出什么变化。他又把这套装置放到靠近窗子的桌子上，次日早晨发现，花不仅没死，而且长出了花蕾。由此他想到，难道植物能够净化空气吗？为了验证这一想法，他点燃了一支蜡烛，并迅速放入罩内。蜡烛果然正常燃烧着，过了一段时间才熄灭。当时，科学家们把一切气体统称为空气。为了确定究竟有几种空气，普里斯特利曾多次重复自己的实验。他认为，在啤酒发酵、蜡烛燃烧以及动物呼吸时产生的气体，就是早先人们所称的“固定空气”（实则二氧化碳）。他对这种“固定空气”的性质做了深入研究。他证明，植物吸收“固定空气”可以放出“活命空气”（实则氧气）。还发现“活命空气”既可以维持动物呼吸，又能使物质更猛烈地燃烧。

由此，普里斯特利想设法制取这种“活命空气”。当时已知硝石也能助燃，于是他想：“也许硝酸能够把它分离出来？或者把沾有稀硝酸的铜丝加热，也许可以放出活命空气？”他沿着这一思路，埋头进行各种实验。他取了一根一端封闭的玻璃管，装人水银，用手指堵住管口，把开口的一端置入盛有水银的槽中，再把装有硝酸和铜屑的另一根管子与装有水银的管子连接在一起。然后，开始加热混合物质。经过短时间加热，产生的无色气体就把水银排出管外，于是管内充满了新的物质。普里斯特利小心地取出管子，打开管口，俯身一嗅，突然，他被惊愣了：一种挥发的无色气体，转眼间就变成了棕红色的蒸气，它的强烈气味很像硝酸，因此当时就称它为“硝石空气”。这种在空气中变成的棕红色的气体是二氧化氮，试验的结果未能制得“活命空气”，却发现了两种新气体：一氧化氮和二氧化氮。他继续试验，又发现了许多新气体，普里斯特利给它们定名为“碱空气”（氨）、“盐酸空气”（氯化氢）以及二氧化硫等。此后多年，普里斯特利一直在研究气体，并写成了《论各种不同的气体》一书，大大丰富了气体化学。

普里斯特利在化学以及物理学方面的研究成果，提高了他的学术威望。1772 年，他当选为法兰西科学院的名誉院士，同年 12 月，他被当时英国的一位政治显贵谢尔本勋爵请去做家庭教师及图书管理员。这项工作有较高薪金，而且每天只用上午时间。所以每天下午，他仍旧可以从事科学研究。在这里，他完成了许多著作。他的六个最有价值的气体实验，有五个是在这里完成的。普里斯特利终生信奉燃素说，在这里他写过有关论证燃素说的文章。

拓展阅读

氧化汞

氧化汞，亮红色或橙红色鳞片状结晶或结晶性粉末。当粉末极细时为黄色，质重，无气味，露置光线下分解成汞和氧。在400℃时几乎变成黑色，冷却时仍为红色，500℃分解成汞和氧。

在气体化学的研究成果中，普里斯特利最重要的是对氧气的发现。1774 年，他得到了一个大型凸透镜（火镜），开始研究某些物质在凸透镜聚光产生的高温下放出的各种气体。他研究的物质中有“红色沉淀物”（氧化汞）和“汞灰”亦称水银烧渣，也就是（氧化汞）。普里斯特利把氧化汞放置在玻璃钟罩内的水银面上，用一个直径 30 厘米、焦距为 50 厘米的火镜，将阳光聚集在氧化汞上。很快就发现氧化汞被分解了，放出一种气体，将玻璃罩内的水银排挤出来，他把这种气体叫做“脱燃素的空气”。他以排水集气法，把这种气体收集起来，然后研究其性质。发现蜡烛会在这种空气中燃烧，火焰非常明亮，老鼠在这种气体中生活正常，且比在等体积的普通空气中活的时间长了约四倍。他还亲自尝试了一下，感觉这种空气使人呼吸轻快、舒畅。他对实验的全过程做了详细地描述。

拓展阅读

硝石

硝石，又称焰硝、钾硝石等，无色、白色或灰色结晶状，有玻璃光泽，可用于配制孔雀绿釉，还可用作五彩、粉彩的颜料，是制造火药的原料之一。

其实早在 1771 年，普里斯特利把硝石加热时，已经制得了氧气。他在题为《各种空气的观察》一文中，曾提道：“在我从硝石得到的一定量的空气中，不仅蜡烛能点燃，而且火焰增大，还听到了响声，好像硝石在明火中烧爆的声音。”但由于他当时把这种气体，混同于一般空气，所以未能发现氧。普里斯特利认为空气是单一的气体，助燃能力之所以不同，其区别仅在于其中含燃素量的不同。从汞烧渣中分解出来的是新鲜的、不含一点燃素的空气，所以吸收燃素的能力和助燃能力都特别强。因此，他把这种气体叫做“脱燃素空气”。而寻常的空气，由于经过动物呼吸、植物的燃烧和腐烂，已经吸收了不少燃素，所以助燃能力就差了：一旦空气被燃素饱和，那么它就不再助燃，变成“被燃素饱和了的空气”（指氮气）或叫“燃素化空气”。在后来的研究中，普里斯特利发现，绿色植物在阳光中也能放出“脱燃素空气”，成为光化学作用研究的基础。

谢尔本勋爵支持普里斯特利的研究工作，一直为他提供研究经费。1774年，他带着普里斯特利一起访问了欧洲大陆。在欧洲，他们结识了许多科学家，这对普里斯特利的学术生涯具有重大意义。在巴黎，普里斯特利拜访了法国化学家拉瓦锡，他向拉瓦锡介绍并演示了从氧化汞中提取气体的实验。拉瓦锡后来又重复了他的实验，并且把普里斯特利的实验材料以及他本人的实验结果联系起来。拉瓦锡能摆脱传统思想的束缚，大胆地提出了氧化概念，形成了燃烧的氧化理论。他指出所谓“脱燃素空气”实际上就是氧气，终于推翻了统治化学近百年的燃素学说。而坚持燃素说的普里斯特利却坚决反对拉瓦锡的新观点，他拒绝接受拉瓦锡对氧和水的任何解释。于是，二人由此开始了一场争论。

双方的争论最初出现在《哲学学报》上，后来，这些争论文章又被编辑成一些小册子。他们争论的最后一批文章发表在美国出版的《美国哲学会会报》上，其他刊物上也时有他们的文章发表。

在争论中，普里斯特利证明，不是所有的酸都含有氧，盐酸就是一个例子。他以此来反对拉瓦锡的氧化理论。但是，普里斯特利在争论中所使用的理论始终是燃素说。这使他像一个守旧的老人，嘴里经常念叨着教条的燃素学说，而丝毫不愿放弃它。普里斯特利与拉瓦锡，一直都在持续地进行各自的观察与研究。但他们观察的深度不同，对观察到的现象背后的本质理解不同。普里斯特利总是躲避开理论上的思考，他只埋头于实验，认为只有实验才是最重要的，陷入了狭隘的经验论，影响他的认识进一步发展。而拉瓦锡则不然，他在实验的基础上很重视理论思考，这使他在科学发展的历史长河中，实现了第一次化学革命。

纵观普里斯特利的一生，他37岁起研究气体化学，直到终生。他曾分离并论述过的大批气体，数目之多超过了他同时代的任何人。他可以说是18世纪下半叶的一位业余化学大师，是他发明了带有酸味的气水。1772年出版了他的小册子《用排水集气法收集“空气”》，该书深受欢迎，非常畅销，当年就被译成法文。普里斯特利名扬世界，1773年他荣获英国皇家学会的铜质奖章。他对气体化学的研究成果，一是以其强烈的求知欲与非凡的勤奋态度为基础的，二是他得益于自己精湛的实验技能。为此，皇家学会曾授予他卡普里奖。他出版过巨著《关于种种空气的实验与观察》（三卷），以后他的研究成果又汇集于《与自然科学各个部门有关的实验与观察》（三卷）。

1804年2月6日，普里斯特利死于美国宾夕法尼亚州的诺赞巴兰镇，终年71岁。普里斯特利一生主要靠自学成为一位化学大师，其刻苦奋勉精神，堪称今人之典范。

约翰·道尔顿

约翰·道尔顿，英国化学家和物理学家。1766年9月6日生于英国坎伯兰的伊格尔斯菲尔德村，1844年7月卒于曼彻斯特。幼年家贫，没有正式上过学校。1776年曾接受数学的启蒙。1778年在一所乡村学校里任教。1781年在肯德尔一所学校中任教时，结识了盲人哲学家高夫，并在他的帮助下自学了拉丁文、希腊文、法文、数学和自然哲学。1793～1799年在曼彻斯特新学院任数学和自然哲学教授。1794年任曼彻斯特文学和哲学学会会员，1800年任学会秘书，1817～1818年任会长。1835～1836年任英国学术协会化学分会副会长。1816年当选为法国科学院通讯院士。1822年当选为英国皇家学会会员。

他的主要成就如下：

气体分压定律。1793年道尔顿依靠从盲人哲学家高夫那里接受的自然科学知识，成为曼彻斯特新学院的数学和自然哲学教师。来到学院不久，他发表了《气象观察与随笔》，在其中描述了气温计、气压计和测定露点的装置，在附录中提出原子论的模型，但是这本书售量很少。

约翰·道尔顿

道尔顿在气象学、物理学上的贡献也十分突出。他是一个气象迷，自1787年开始连续观测气象，从不间断，一直到临终前几小时为止，记下约20万字的气象日记。他还测定水的密度和温度变化关系和气体热膨胀系数相等等。遗憾的是道尔顿曾固执地反对为他解围的阿伏加德罗分子学说而传为“笑话”。

色盲症。1794年道尔顿被选为曼彻斯特文学和哲学学会会员，这个学会由普利斯特里的学生创建，讨论神学和英国政治之外的各种问题。10月31日他在学会宣读了《关于颜色视觉的特殊例子》。在这篇文章中，他给出了对色盲这一视觉缺陷的最早描述，总结了从他自身和很多身上观察到的色盲症的特症，如他自己除了蓝绿方面的颜色，只能再看到黄色。所以色盲又被很多人称为道尔顿症。1799年新学院迁移到约克，道尔顿仍然留在曼彻斯特，此时他已经很有名气，可以靠作家庭教师为生。

1800年道尔顿开始担任学会秘书，随后进行气体的压强研究。他加热相同体积的不同气体，发现温度升高所引起的气体压强变化值与气体种类无关。并且当温度变化相同时，气体压强变化也是相同的。他实际上得到了和后来查理和盖·吕萨克同样的结论，但是他没有继续深究这个问题。1801年道尔顿将水蒸气加入干燥空气中，发现混合气体中某成分的压强与其他组分压强无关，且总压强等于两者压强和，即道尔顿分压定律。同年道尔顿最亲密的朋友威廉·亨利发现了难溶于水的气体在水中的溶解数量与压强成正比，即亨利定律。随后亨利也观察到对于混合气体也存在同样关系，只不过压强换成了气体的分压值。道尔顿从这一研究成果得出溶解时纯物理过程的结论。

1815年创立他第一间瓷器工场于英国伦敦的泰晤士河堤岸，主要制造陶瓷餐具，人像及容器等等。受到不断发展的工业革命影响，道尔顿开始发展工业瓷科技术。早于1827年，道尔顿已经开始利用矽藻瓷材料制造输水管道及过滤产品。1835年，英国维多利亚女王意识到饮用水污染存在对健康的危险，委任道尔顿为皇室设计食水过滤器。道尔顿创造了世界上第一个矽藻瓷净化水缸，为皇室带来清净卫生的健康水，并获女王授予的皇家头衔。

知识小链接

微粒

微粒是指极细小的颗粒，包括肉眼看不到的分子、原子、离子等以及它们的组合。

创立原子学说。1803年道尔顿继承古希腊朴素原子论和牛顿微粒说，提出原子学说，其要点：

1. 化学元素由不可分的微粒——原子构成，它在一切化学变化中是不可再分的最小单位。

2. 同种元素的原子性质和质量都相同，不同元素原子的性质和质量各不相同，原子质量是元素基本特征之一。

3. 不同元素化合时，原子以简单整数比结合。推导并用实验证明倍比定律。如果一种元素的质量固定时，那么，另一元素在各种化合物中的质量一定成简单整数比。

最先从事测定原子量工作，提出用相对比较的办法求取各元素的原子量，并发表第一张原子量表，为后来测定元素原子量工作开辟了光辉前景。

道尔顿一生宣读和发表过116篇论文，主要著作有《化学哲学的新体系》两册。

为了把自己毕生精力献给科学事业，道尔顿终生未婚，而且在生活穷困的条件下，从事科学研究。英国政府只是在欧洲著名科学家的呼吁下，才给予养老金，但是道尔顿仍把它积蓄起来，奉献给曼彻斯特大学用作学生的奖学金。道尔顿一生正如恩格斯所指出的：化学新时代是从原子论开始的，所以道尔顿应是近代化学之父。

莱纳斯·卡尔·鲍林

莱纳斯·卡尔·鲍林，美国化学家，1901 年 2 月 28 日生于美国俄勒冈州波特兰。1922 年在俄勒冈州立大学化学工程系毕业。1925 年在加利福尼亚州理工学院取得哲学博士学位。1922 ~ 1963 年在加利福尼亚州理工学院任教，1931 年任化学教授。1967 ~ 1969 年任加利福尼亚大学化学教授。1969 ~ 1974 年任斯坦福大学化学教授，1974 年任荣誉教授。

莱纳斯·卡尔·鲍林

1901 年，鲍林出生于美国俄勒冈州，父亲早逝，家境贫寒，从艰苦的生活中磨炼出了坚强意志和惊人毅力。1925 年以历史上极为罕见的优秀成绩获加州大学工学院博士学位。

他所提出的结构理论：电负性概念和计算、原子轨道杂化理论和价继学说至今仍是结构化学中的应用最广的理论之一，他又是量子化学的创始人之一，为确定 DNA 的双螺旋结构起了不可磨灭的作用。

鲍林主要研究结构化学。1927 年他推导出大量的离子半径数据，曾被广泛应用。1928 年他测定了尿素、正链烷烃、六亚甲基四胺及一些简单芳香族化合物的结构，并在此基础上提出了第一批键长、键角的数据。1931 年他利用 X 射线衍射法测出分子中原子间距，并进一步用它研究晶体和蛋白质结构，画出分子结构图形。同年，应用量子力学理论研究原子和分子的电子结构及化学键的本质，创立了杂化轨道理论。1931～1933年提出分子在若干价键之间共振的学说，认为共振使分子特别稳定，并由此引出共振能概念。共振论的提出引起科学界的争论。鲍林在化合物结构方面进行过大量的研究。1950年他认为在蛋白质的肽链上要满足最大限度的氢键，因此蛋白质可能形成两种螺旋体，一种是α螺旋体，另一种是γ螺旋体，他正式提出了蛋白质的α螺旋体结构。以后陆续发现多种蛋白质的原发分子的结构，为进一步研究脱氧核糖核酸的形状和功能创造了条件。晚年在维生素C服用效果方面做了大量的研究工作。鲍林曾于1973年9月和1981年6月两次到中国进行访问和讲学。他因对化学键本质的研究而获1954年诺贝尔化学奖。还获得1974年度美国国家科学奖章和苏联1977年度罗蒙诺索夫金质奖章等多种奖章。他著有《量子力学导论》（1935）和《化学键的本质》（1939）等书。

鲍林在1962年又获得诺贝尔和平奖。他所获奖项不可胜数，仅奖章就在百枚以上。

钱永健

钱永健，美国生物化学家。美国国家科学院院士，美国国家医学院院士，美国艺术与科学院院士。圣地亚哥加利福尼亚大学生物化学及化学系教授。1952年生于美国纽约，祖籍浙江杭州，是中国导弹之父钱学森的堂侄。2008年度诺贝尔化学奖获得者之一。

钱永健

1980年钱永健发明检测钙离子浓度的染料分子，1981年改进将染料引入细胞的方法，以后发明更多、更好的染料，被广泛应用。检测钙的方法有三种：选择性电极、水

母素、钙染料。在钱永健的钙染料没有出现以前，具有空间检测能力的只有水母素。但当时水母素需要注射到细胞内，应用不方便，而钱永健的染料可以通透到细胞里面去。水母素和钙染料各有优缺点，目前用染料的人多。钱永健还发明了多种染料用于研究其他分子。

知识小链接

钙离子

钙离子是机体各项生理活动不可缺少的离子，维持细胞膜两侧的生物电位，维持正常的神经传导功能，维持正常的肌肉伸缩与舒张功能以及神经－肌肉传导功能，还有一些激素的作用机制均通过钙离子表现出来。

1994 年起，钱永健开始研究 GFP，改进 GFP 的发光强度，发光颜色（发明变种，多种不同颜色），发明更多应用方法，阐明发光原理。世界上应用的 FP，多半是他发明的变种。他的专利有很多人用，有公司销售。

钱永健的工作，从 20 世纪 80 年代一开始就引人瞩目。

格哈德·埃特尔

格哈德·埃特尔 1936 年 10 月 10 日生于德国斯图加特，大学生涯在慕尼黑工业大学度过，并于 1965 年获博士学位。

格哈德·埃特尔

从 1973 年开始，埃特尔担任路德维希—马克西米利安大学教授及该校物理化学研究所所长。1986 年至 2004 年，埃特尔出任德国马普学会弗里茨—哈伯研究所所长。

格哈德·埃特尔获得2007年度诺贝尔化学奖，因他在“固体表面化学过程”研究中作出的贡献。

埃特尔是1988年以后获得诺贝尔化学奖的首位德国人。

诺贝尔奖委员会在颁奖文告中表示，将诺贝尔化学奖授予格哈德·埃特尔是因为他在表面化学所作的开创性研究。表面化学对于化学工业很重要，它可以帮助我们了解不同的过程，例如铁为什么生锈、燃料电池如何工作、汽车内催化剂如何工作等。此外，表面化学反应对于许多工业生产起着重要作用，例如人工肥料的生产。表面化学甚至能解释臭氧层破坏，半导体工业也是与表面化学相关联的科学领域。

由于半导体工业的发展，现代表面化学于20世纪60年代开始出现。格哈德·埃特尔是首批发现新技术潜力的科学家之一。他逐步建立表面化学的研究方法，向人们展示不同实验过程产生表面反应的全貌。这门科学需要先进的真空实验设备，以观察金属上原子和分子层次如何运作，确定何种物质被置入系统。

拓展阅读

原子

原子是组成元素的基本单位和化学变化中的最小微粒。它由原子核和围绕原子核运动的电子组成。

格哈德·埃特尔的观察为现化表面化学提供了科学基础，他的方法不仅被用于学术研究而且被用于化学工业研发。格哈德·埃特尔发明的研究方法，基于他对哈伯·博施法的研究，应用哈伯－博施法可以从空气中提取氮，这一点具有重要的经济意义。埃特尔还对铂催化剂上一氧化碳氧化反应进行研究，这种化学反应主要发生在汽车催化剂中，以过滤汽车产生的废气。

◎背景知识：表面化学

物质的两相之间密切接触的过渡区称为界面。若其中一相为气体，这种界面通常称为表面。凡是在相界面上所发生的一切物理化学现象统称为界面

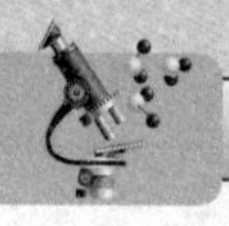

现象或表面现象。研究各种表面现象实质的科学称为表面化学。

在20世纪40年代前，表面化学得到了迅猛发展，大量的研究成果被广泛应用于各生产部门，如涂料、建材、冶金、能源等行业。到了60年代末70年代初，人们从微观水平上对表面现象进行研究，使得表面化学得到飞速发展，表面化学作为一门基础学科的地位被真正确立。

◎ 表面化学应用

表面化学反应在工农业操作中有着重要作用：

1. 清洗铂金表面的碳氧化物。

2. 空调系统中的氟利昂，通过小冰晶体表面化学反应破坏臭氧层。

3. 金属表面暴露在潮湿的空气中时生锈。

4. 电子工业中，制作半导体元件。

5. 人造肥料中所含的氨，是通过氮和氢在金属表面生成的。

拓展阅读

氟利昂

氟利昂，又名氟里昂，氟氯烃是（英文：freon）几种氟氯代甲烷和氟氯代乙烷的总称 。氟里昂在常温下都是无色气体或易挥发液体，略有香味，低毒，化学性质稳定。

阿尔弗雷德·伯恩哈德·诺贝尔

阿尔弗雷德·伯恩哈德·诺贝尔是瑞典的化学家、产业家、甘油炸药的发明者，他用其巨额遗产创立了举世闻名的诺贝尔奖金。

阿尔费里德·伯恩纳德·诺贝尔，1833年10月21日生于瑞典首都斯德哥尔摩。诺贝尔发明了炸药，取得了成千上万的科研成果，成功地开办了许多工厂，积聚了巨大的财富。在即将辞世之际，诺贝尔立下了遗嘱：“请将我的财产变做基金，每年用这个基金的利息作为奖金，奖励那些在前一年为人类做出卓越贡献的人。

诺贝尔

根据他的这个遗嘱，从 1901 年开始，具有国际性的诺贝尔创立了。诺贝尔在遗嘱中还写道：“把奖金分为 5 份：一、奖给在物理学方面有最重要发现或发明的人；二、奖给在化学方面有最重要发现或新改进的人；三、奖给在生理学和医学方面有最重要发现的人；四、奖给在文学方面表现出了理想主义的倾向并有最优秀作品的人；五、奖给为国与国之间的友好、废除使用武力与贡献的人。”

诺贝尔奖是根据诺贝尔遗嘱所设基金提供的奖项（1969 年起由 5 个奖项增加到 6 个），每年由 4 个机构（瑞典 3 个，挪威 1 个）颁发。1901 年 12 月 10 日即诺贝尔逝世 5 周年时首次颁发。诺贝尔在其遗嘱中规定，该奖应每年授予在物理学、化学、生理学或医学、文学与和平领域内“在前一年中对人类作出最大贡献的人”。瑞典银行在 1968 年增设一项经济科学奖，1969 年第一次颁奖。

颁奖机构是：位于斯德哥尔摩的瑞典皇家科学院（物理学奖和化学奖）、卡罗琳外科医学研究院（生理学或医学奖）和诺贝尔在其遗嘱中所提及的瑞典文学院（文学奖），以及位于奥斯陆的、由挪威议会任命的诺贝尔奖评定委员会（和平奖），瑞典科学院还监督经济学的颁奖事宜。为实行遗嘱的条款而设立的诺贝尔基金会，是基金的合法所有人和实际的管理者，并为颁奖机构的联合管理机构，但不参与奖的审议或决定，其审议完全

基金会

基金会是指利用自然人、法人或者其他组织捐赠的财产，以从事公益事业为目的，按照本条例的规定成立的非营利性法人。基金会分为面向公众募捐的基金会和不得面向公众募捐的基金会。

由上述4个机构负责。每项奖包括一枚金质奖章、一张奖状和一笔奖金，奖金数字视基金会的收入而定。经济学奖的授予方式和货币价值与此相同。

评选获奖人的工作是在颁奖的上一年的初秋开始的，先由发奖单位给那些有能力按照诺贝尔奖章程提出候选人的机构发出请柬。评选的基础是专业能力和国际名望，自己提名者无入选资格。候选人的提名必须在决定奖项那一年的2月1日前以书面通知有关的委员会。

从每年2月1日起，6个诺贝尔奖评定委员会——每个委员会负责一个奖项——根据提名开始评选工作。必要时委员会可邀请任何国家的有关专家参与评选，在9月~10月初这段时间内，委员会将推荐书提交有关颁奖机构；只是在少有的情况下，才把问题搁置起来，颁奖单位必须在11月15日以前作出最后决定。委员会的推荐，通常是要遵循的，但不是一成不变的。各个阶段的评议和表决都是秘密进行的。奖只发给个人，但和平奖例外，也可以授予机构。候选人只能在生前被提名，但正式评出的奖，却可在死后授予，如D·哈马舍尔德的1961年和平奖和E·A·卡尔弗尔特的1931年文学奖。奖一经评定，即不能因有反对意见而予以推翻。对于某一候选人的官方支持，无论是外交上的或政治上的，均与评奖无关，因为该颁奖机构是与国家无关的。

一笔奖金，或者完全发给一个人，或者最多在两种成果之间平分，或者由两个或更多人（实际上从未多于三人）联合分享，有时一笔奖金要保留到下一年度颁发；如果下一年仍不颁发奖金，则退回基金会。当出现奖金既不颁发，也不保留的情况时，也要退回基金会。这样，在同一学术领域内，一年中能有两笔奖金，即上年留下来的奖金和本年的奖金。如果在规定日期以前获奖者拒受或未能领取奖金时，则奖金退回基金会。曾有过拒受奖金及政府禁止本国人领取诺贝尔奖的情况，然而获奖人仍被列入诺贝尔奖获得者名单中，注明“拒受奖金”字样，不接受奖的动机可能互不相同，但真正的理由大都是外界的压力。例如，希特勒于1937年颁布的法令，禁止德国人领取诺贝尔奖，因为他认为1935年颁发给奥西埃茨基的和平奖是一种侮辱。不论何种原因过期不领，已拒受者在说明其情况并提出申请时，可领取诺贝尔金质奖章和奖状，但不能领取奖金，因该奖金已退回基金会。

如果没有人能符合诺贝尔遗嘱中所要求的那些条件或世界局势有碍于收集评选资料时（如第一次世界大战期间和第二次世界大战期间），则将奖保留或停止颁奖。该奖对所有的人开放，不论其国籍、种族、宗教信仰或意识形态如何。同一获奖者可以多次获奖而不受限制。物理学、化学、生理学或医学、文学以及经济学的颁奖仪式在斯德哥尔摩举行，而和平奖的颁奖仪式则在奥斯陆举行，时间为 12 月 10 日，即诺贝尔逝世周年纪念日。获奖者通常亲自去受奖。

支配奖项的总则已载于诺贝尔的遗嘱中。1900 年，由遗嘱执行人、颁奖单位的代表及诺贝尔家族共同就解释和执行遗嘱的补充规定达成协议，并由瑞典国王在枢密会议上予以批准。这些规章大体上保持不变，仅在实际应用上有些修改。评议经济学奖的基础是科学的，即数学的或统计学的，而不是政治的或社会的。最早两名经济学奖获得者经济学家弗里希和丁伯根，因他们在计量经济学方面的工作，即利用数学式进行的经济活动分析而被授予该奖。

科学奖和医学奖已证明很少引起争论；而文学奖与和平奖，则因其本身性质特殊，最易导致意见分歧；和平奖常常保留。

◎诺贝尔的发明

1863 年 10 月，诺贝尔获得炸药发爆剂的发明专利权。这项发明人们称之为“诺贝尔引燃器”。1865 年，诺贝尔硝化甘油有限公司在斯德哥尔摩建立，这是世界上第一家生产危险性较小的硝化甘油的工厂。在液体硝化甘油的生产过程中，他多次实验，反复钻研，研制成了固体韧性燃料，并先后在瑞典、英国和美国取得炸药的专利。接着，于 1888 年又发明了用来制造军用炮弹、手雷和弹药的无烟炸药，亦称诺贝尔爆破炸药。诺贝尔不仅在炸药方面做出了贡献，而且在电化学、光学、生物学、生理学和文学等方面也有一定的建树。诺贝尔的一生中，仅在英国申请的发明专利就有 355 项之多。

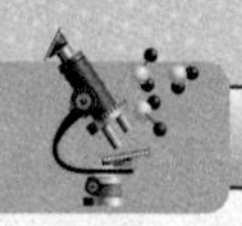

基本小知识

硝化甘油

硝化甘油，一种黄色的油状透明液体，这种液体可因震动而爆炸，属化学危险品。同时硝化甘油也可用做心绞痛的缓解药物。

诺贝尔不仅是个伟大发明家，还是一个有卓越组织才能的产业家，他所经营的炸药工业，遍布欧美各国，还用炸药专利款购置了大面积的油田，使其迅速地成为一个百万富翁。然而，他对金钱和财物并不贪得无厌，对旁人，他慷慨施舍，对发展科学，他大力援助，他自己却生活俭朴，一生在艰苦中度过，他甚至从来没有请人画过肖像，目前仅存的一幅肖像是他死后才画的。他死后，根据他生前的愿望，墓室修建得非常简朴，他曾说过："活人的肚皮比死人的纪念碑等荣誉，更值得我关心"。

诺贝尔对功利和荣誉十分淡漠，非常谦虚。他曾在一封信中对于他所获得的奖章的原因叙述道：他得奖章不是由于发明炸药的原故。比如，瑞典政府授予他极星勋章，是因为他的烹调本领；他得到法国勋章，是因他与一位部长过往甚密；他得到巴西勋章，是因为偶而认识了一位要人；他得到皮立华勋章，是因为授勋人想摹仿一出名剧中授勋时的情形……他还曾在一份自传中用诙谐戏谑的语言写道：

阿尔弗里德·诺贝尔——他那可怜的生命，当他呱呱落地的时候，差一点断送在仁义的医生手里。

主要优点：保持指甲干净整洁，从不累及别人。

主要缺点：无家室，情绪低落，消化不良。

唯一愿望：不要被人活埋。

最大罪恶：不崇拜财神。

一生重要事迹：无。

就是这样一位"一生无重要事迹"而只是保持指甲干净整洁的人，不仅为人类创造了大量物质文明财富，还为人类留下了艰苦创业，不慕功利、虚名的崇高精神。

1896 年 12 月 10 日，诺贝尔因心脏病突然发作，抢救无效，在意大利圣雷莫与世长辞，终年 63 岁。

1895 年 11 月 27 日，诺贝尔签署了他死后遗留下来的所有可变卖财产的遗嘱：将全部财产作为设立诺贝尔奖金的基金，每年取出基金利息，奖给对人类文化科学事业做出重大贡献的人。根据当时估计，他的遗产约有三千三百万克朗（瑞典币，约折合 920 万美元）。诺贝尔奖金分为物理学、化学、生理学和医学、文学、和平奖五项。物理学和化学奖由瑞典皇家科学院负责颁发，生理学和医学奖由瑞典卡罗琳医学研究院负责颁发，文学奖由瑞典文学院负责颁发，和平奖由挪威议会（当时挪威与瑞典同存于一个王国）负责颁发。1968 年瑞典银行决定增设经济学奖，这项奖金由瑞典银行提供。诺贝尔在遗嘱中强调指出“在评选得奖人时必须不分国籍、不分肤色、不问宗教信仰和政治信仰，一视同仁，唯一标准视其实际成就。”

诺贝尔逝世后，有关机构筹建了诺贝尔基金会，并于 1901 年 1 月 1 日开始管理基金，同年举行了第一次颁奖仪式。有关机构还对诺贝尔奖金做了进一步的规定：每个各项奖金可由两个获奖青年均分享（最多不超过三人）；如果当年无人得奖，则该奖金可留待翌年；每一项奖金在五年内至少应颁发一次。实际上，从 1901 年开始授奖以来，都是每年颁发一次，只有在两次世界大战期间（1940 ~ 1942 年），因战争关系，才暂停了几年。由于按规定，每年要从基金利息中抽出 10% 加入基金，另加上一部分没有发出的奖金也并入基金，因此基金的数目越来越大。在同一年里，各项奖金的数额是相同的，不同的年份，奖金数额有所变动，其幅度主要取决于市场行情，因为这些奖金是靠基金资本的年收入来支付的。

诺贝尔奖金每年于 12 月 10 日，即诺贝尔逝世周年纪念日，以隆重的仪式在斯德哥尔摩宽敞的音乐厅里颁发，和平奖于同一天在奥斯陆挪威国会所召集的会议仪式上颁发。

诺贝尔奖，现在已经成为学术界个人最高荣誉，也是威信最高的国际性大奖。

◎诺贝尔遗嘱

我，签名人阿尔弗雷德·伯恩哈德·诺贝尔，经过郑重的考虑后特此宣布，下文是关于处理我死后所留下的财产的遗嘱：

在此我要求遗嘱执行人以如下方式处置我可以兑换的剩余财产：将上述财产兑换成现金，然后进行安全可靠的投资；以这份资金成立一个基金会，将基金所产生的利息每年奖给在前一年中为人类作出杰出贡献的人。将此利息划分为五等份，分配如下：

一份奖给在物理界有最重大的发现或发明的人；

一份奖给在化学上有最重大的发现或改进的人；

一份奖给在医学和生理学界有最重大的发现的人；

一份奖给在文学界创作出具有理想倾向的最佳作品的人；

最后一份奖给为促进民族团结友好、取消或裁减常备军队以及为和平会议的组织和宣传尽到最大努力或作出最大贡献的人。

物理奖和化学奖由斯德哥尔摩瑞典皇家科学院颁发；

医学和生理学奖由斯德哥尔摩卡罗琳医学院颁发；

文学奖由斯德哥尔摩的瑞典文学院颁发；

和平奖由挪威议会选举产生的 5 人委员会颁发。

对于获奖候选人的国籍不予任何考虑，也就是说，不管他或她是不是斯堪的纳维亚人，谁最符合条件谁就应该获得奖金，我在此声明，这样授予奖金是我的迫切愿望……

这是我惟一存效的遗嘱。在我死后，若发现以前任何有关财产处置的遗嘱，一概作废。